NASA
Space Shuttle *40th Anniversary*

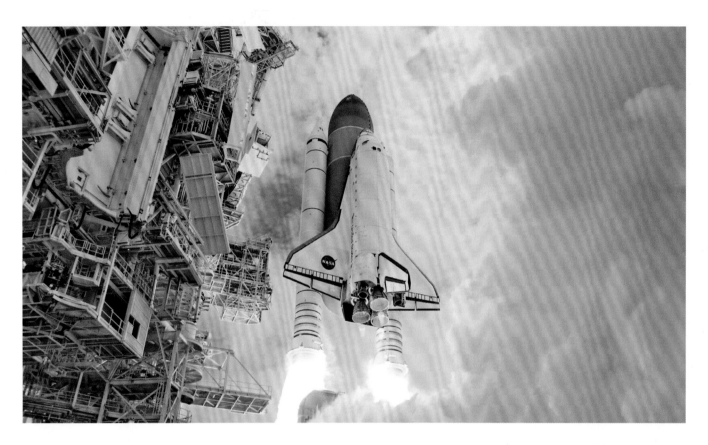

NASA航天飞机简史

[美]皮尔斯·比佐尼　罗杰·D.劳纽斯　著

霍菲菲　向凌威　译

人民邮电出版社

北京

图书在版编目（CIP）数据

NASA航天飞机简史 / （美）皮尔斯·比佐尼，（美）
罗杰·D.劳纽斯著；霍菲菲，向凌威译. -- 北京：人
民邮电出版社，2023.5
ISBN 978-7-115-60275-6

Ⅰ. ①N… Ⅱ. ①皮… ②罗… ③霍… ④向… Ⅲ. ①
航天飞机－技术史－美国 Ⅳ. ①V475.2-097.12

中国版本图书馆CIP数据核字(2022)第195623号

版权声明

内容提要

作为一种可重复使用的航天器，航天飞机令人类探索太空的方式产生了重大变革。本书追踪了这段历史，书中的文章均由NASA（美国国家航
空航天局）前历史专家罗杰·D.劳纽斯撰写，书中呈现的大幅精美彩图均由航天历史学家、知名科普作家皮尔斯·比佐尼从NASA 的档案库中精心
挑选。本书讲述了航天飞机从最初概念被提出到最终退出历史舞台的整个过程，呈现了每个阶段的多幅艺术图和实拍照片，为航空航天爱好者提供
了一场视觉盛宴。

本书包括 4 个章节。第 1 章介绍了航天飞机的设计、制造和发射历程。第 2 章介绍了航天飞机第一次爆炸事件——1986 年挑战者号升空时爆炸，
并讲述了灾难之后近 20 年间航天飞机的成就。第 3 章介绍了航天飞机第二次爆炸事件——2003 年哥伦比亚号重返大气层时爆炸解体（这次爆炸使
航天飞机时代最终在 2011 年结束），并展示了从 2003 年到 2011 年航天飞机的工作内容。第 4 章回顾过去、展望未来，讨论了航天飞机的荣誉和
遗产。

本书内容丰富、图片精美，适合航空航天爱好者和科普爱好者阅读。

♦ 著　　　　[美] 皮尔斯·比佐尼　罗杰·D.劳纽斯

译　　　　霍菲菲　向凌威

责任编辑　胡玉婷

责任印制　马振武

♦ 人民邮电出版社出版发行　　北京市丰台区成寿寺路 11 号

邮编　100164　电子邮件　315@ptpress.com.cn

网址　https://www.ptpress.com.cn

北京华联印刷有限公司印刷

♦ 开本：787×1092　1/12

印张：16　　　　　　　　　2023 年 5 月第 1 版

字数：326 千字　　　　　　2024 年 12 月北京第 2 次印刷

著作权合同登记号　图字：01-2021-7395 号

定价：169.80 元

读者服务热线：(010)81055493　印装质量热线：(010)81055316
反盗版热线：(010)81055315
广告经营许可证：京东市监广登字 20170147 号

推荐序

受出版社编辑邀请，很荣幸能为 NASA 这套书撰写总序。我想从 3 个方面来说一下这套书，即这套书的内容是什么，我们为什么需要这样的一套书，以及未来我们能不能有一套类似的原创书。

这是一套关于航天航空的科普图书，分别简述了航天飞机的历史，太空探索的历史和火星探测的历史，当然这些历史都是 NASA 视角下的。近些年来，图书市场上兴起了一股"简史"热，这股热潮似乎起源于霍金的《时间简史》。我认为，"简史"不是简化的，不是简陋的，也不应该是简略的，而应是简朴、言简意赅和简明扼要的，是简约而不简单。而呈现在各位眼前的这 3 本书就具有这样的特征。如今，我们进入了一个读"频"的时代，尤其是随着社交媒体的日益发展，短视频成为人们获取日常信息的重要渠道，传统的纸质图书似乎日渐式微，已成明日黄花。但是对于任何一个想系统了解某个领域的知识的人来说，阅读图书依然是一个不二的选择，而这套书可以让读者朋友在重拾阅读快乐的同时获取到更多的科学知识。

我们经常说"一图胜千言"，对于一本质量上乘的科普图书来说，图片不仅仅是文字内容的补充，有时候甚至是主角。在此，我不得不说一下这套图书最大的亮点之一——精美绝伦的图片。这套书的编辑告诉我，版权方只把书中原图提供给指定的印刷厂，足见其对图片质量的重视。而我在第一次看到这套书时，就被书中的高清图片深深吸引，相信各位读者朋友也一定会被那一张张极具科学之美的图片"迷住"。

这套书从科学的视角，用读者可以理解的、通俗易懂的语言介绍了航天飞机的历史、太空探索的历史，以及探索火星的历史。物理学家爱因斯坦在《论科学》一文中曾经深有感触地说："想象力比知识更重要，因为知识是有限的，而想象力概括着世界的一切，推动着进步，并且是知识进化的源泉。"这套书中的图片不仅能增强青少年读者的想象力，满足他们的好奇心，也能在某种程度上激发青少年读者的探索欲望。火箭理论先驱康斯坦丁·齐奥尔科夫斯基曾说过："科学的发展最初起源于幻想和童话，然后经过科学计算，最终才能梦想成真。"相信这套书必将让青少年读者在收获更多科学知识的同时激发出更多的想象力和更强的好奇心。

发展航天事业，建设航天强国，是我们不懈追求的航天梦。从 2021 年 4 月 29 日的天和核心舱成功发射入轨，到完成以天和核心舱、问天实验舱和梦天实验舱为基本构型的空间站组装，我们已经建起一座国家级太空实验室；从 2004 年中国正式开展月球探测工程，到 2022 年中秋节前夕我国科学家宣布首次在月球上发现被命名为"嫦娥石"的新矿物；从 2016 年 1 月 11 日中国火星探测任务正式立项，到天问一号环绕器进行环火星探测，以及"祝融号"火星车巡视探测火星表面……这一系列"大动作"的背后既有很多精彩的瞬间，也有太多可以记录和传颂的故事，还有很多可以转换为科普内容的科技资源，这些都可以成为向全世界公众进行科普的内容和素材。在航天领域科普中，不能没有中国声音和中国故事，希望这套书的引进与出版可以为我们做好原创航天科普提供更多的经验。

王大鹏

中国科普研究所副研究员

中国科普作家协会理事

目　录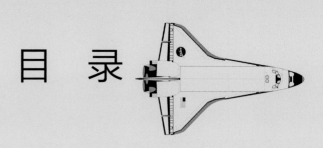

前言		6
1	建造航天飞机	9
2	损失与恢复	81
3	航天飞机时代的终结	125
4	荣耀和遗产	183

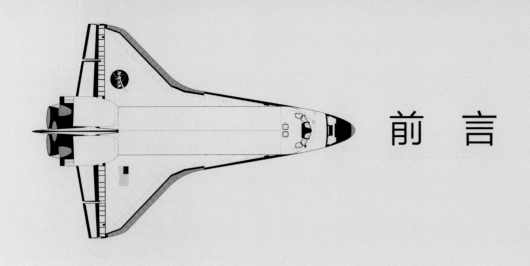

前　言

　　在服役了 30 年后，NASA（美国国家航空航天局）的航天飞机于 2011 年退役。航天飞机项目的正式名称叫太空运输系统（STS），自 1981 年开始，于 2011 年结束。在此期间，5 架航天飞机在 NASA 的运营下共执行了 135 次太空任务。如今在博物馆中展出的是 4 个遗留下来的轨道飞行器，它们分别是亚特兰蒂斯号、奋进号、发现号这 3 架航天飞机和企业号原型机。我们对航天飞机的记忆可谓"喜忧参半"。1981 年 4 月，哥伦比亚号首次升空进入其运行轨道让全球兴奋不已，但是 1986 年 1 月，挑战者号在发射升空 73 秒之后，于数千名观众的众目睽睽之下发生爆炸，7 名航天员全部罹难。在随后的 10 年间，航天员乘坐航天飞机执行了修理哈勃太空望远镜的任务，完成了多个令人印象深刻的太空飞行任务，这些让我们对航天飞机的好感不断提升。在全盛时期，航天飞机是适应性极强的太空助手，是人和有效载荷在太空中开展日常工作的完美工具。

　　美国人将航天飞机视为一种国家象征。2003 年 2 月，哥伦比亚号在重返大气层的过程中爆炸解体，导致另外 7 名航天员罹难。但航天飞机的使命并没有因此而终结，在成功地组装完全球最大且最复杂的轨道栖息地——国际空间站之后，最后一架航天飞机最终结束了其服役生涯。

　　航天飞机是科学幻想美梦成真的一个示例，航天飞机一次次地飞入轨道，并且像飞机一样返回地球家园，这令人惊叹。航天飞机包含一系列复杂的计算机、制动器、陀螺仪和液压系统，辅助人类操纵方向。这架机器的 5 台发动机由液氢、液氧、铝粉和高氯酸铵作为燃料提供动力。它非同寻常，但多次的飞行让人们觉得这样一个运载设备过于驯服，所以很多次发射似乎都不值得媒体再着笔墨了，然而，这正是 NASA 所取得的主要成果。在航天飞机运行的 30 年的大部分时间里，尽管有着惨痛的教训，但是每个美国人都因美国在太空探索中取得的领先地位充满荣誉感。这本书就是对航天飞

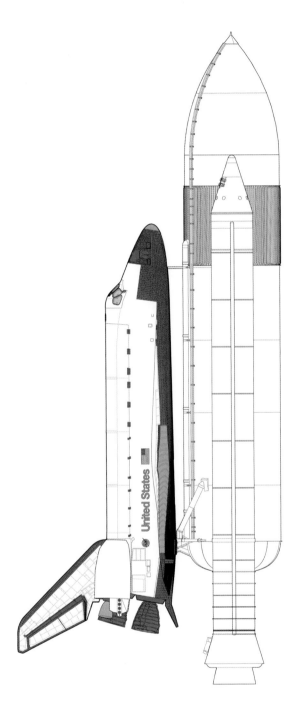

机的历史的回顾。

我对华盛顿特区 NASA 总部的多媒体联络官波特·乌尔里希及 NASA 的资深照片研究人员康妮·莫尔怀有无限感激之情。如果没有他们一直协助我，这本书难以完成。

在 NASA 之外，还有一些档案保管人员，他们储存的图像和他们自身的专业知识也是无价的。J.L.皮克林拍摄了一些与 STS-1 任务有关的非常罕见的照片，记录了第一次轨道飞行任务的历史。埃德·亨格韦尔德总是能给我提供好的建议，NASA 的前员工迈克·根特也给我提供了很多帮助。

艺术摄影师偶尔会被允许进入航天飞机地面指挥所。在认真地贯彻 NASA 复杂的安全协议后，他们会商定最佳的拍摄位置。拍到 NASA 出色的照片需要技巧和对艺术的直觉。迈克尔·索鲁里于 2009 年拍摄了 STS-125 任务筹备期间的大量照片。这是最后一次维修哈勃太空望远镜的任务，他拍摄出的照片角度独特、用光巧妙。在迈克尔的著作《无限世界》中可以找到大量的精选照片。你也可以看看第 147 页的图片。在 STS-125 任务中航天员使用了手持工具，迈克尔拍摄的这个手持工具的大幅面照片被华盛顿特区的国家航空航天博物馆永久收藏。

我还要感谢丹·温特斯，他用相机近距离地拍摄到了发现号、奋进号和亚特兰蒂斯号最后一次发射时的照片。他在著作《最后一次发射：宝贵的历史和艺术记录》中第一次公开了精美的工作细节照片。同样，约翰·查克雷斯报道了航天飞机时代的开端，他的《第一舰队》就是第一批以画廊级别的照片介绍这一迷人主题的摄影集之一。非常感谢约翰提供给我一些有趣的照片。当然，航天飞机时代的航天员们才是那些拍下了最伟大瞬间的人。为此，我们的千言万语汇成了一句话——感谢他们。

最后，本书中的文字和图片一样重要。我们要感谢罗杰·D.劳纽斯为本书写下了优美的解说文字。作为 NASA 的前首席历史学家，罗杰是最适合对航天飞机的故事从恰当的视角进行点评的。

我的任务，更确切地说，我的荣幸就是把这些元素进行整合。最难的工作实际上并不是决定在书中呈现哪些内容，而是忽略哪些。航天飞机的故事太精彩了，以至于我们很难在一本书中呈现它的全貌。接下来，让我们开始吧……

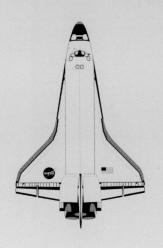

1 建造航天飞机

"未来，居住在其他行星或者遥远太空城市的子孙后代们，将惊叹于我们所取得的成就。"

记者沃尔特·克朗凯特，《我们永远的征程》，2003 年

1995 年，著名的科幻小说作家雷·布雷德伯里热切地写道："当火箭发射的冲击波将你撞到墙上，你身上的衣物仿佛都被震碎了的时候，你会听到宇宙的呼声，以及那些亲眼看见这一壮观场景的人们的欢呼雀跃的声音。"航天飞机真实发射时的场景与他描写的不同之处是：布雷德伯里低估了航天飞机发射的凶猛。这一经历令人既激动又兴奋。可可海滩的居民贝特·凯尔索说："声音震动了大地，站在我家的前院就感觉到了震感——就像是机关枪扫射一样，只是更有力。"

作为世界上第一款可重复使用的火箭飞行器，航天飞机在载人航天领域占据主导地位长达 30 年之久。在这 30 年中完成了 135 次发射，执行了各种令人印象深刻的任务。在这一过程中，航天飞机把去往地球轨道变成了人类活动的常态。美国的第一批航天员——尤其是参与水星计划、双子座计划和阿波罗计划的航天员们——是真正意义上的先驱者和探险家。但是随着越来越多的航天员们乘坐航天飞机飞往宇宙、在宇宙中从事有益的活动，近地轨道这一新的疆域对人类来说已经不再陌生。

航天飞机也开启了人类征服太空的进程。美国传奇电视记者沃尔特·克朗凯特在一篇写于 21 世纪初的文章中，描述了这一激动人心的时刻。他表示：发射不仅带来了震撼，发射本身还具有更重要的意义。他说："我们是幸运的一代。在这个时代，我们第一次打破地球的束缚进入太空。未来，居住在其他行星或者遥远太空城市的子孙后代们，将惊叹于我们所取得的成就。因为有了我们的付出，才有了他们的未来。"

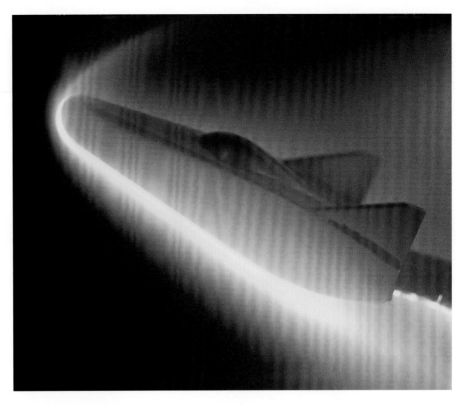

1967 年，M2-F2 升力体飞行器模型在进行风洞试验时被加热，用来展示其作为耐热太空舱和能够在跑道滑行的车辆的混合体的性能。全尺寸飞行器的原型就是基于这个设计的。

一个世纪的愿景

　　制造火箭飞机的想法已经存在了将近 100 年。从 1920 年火箭成为到达太空的唯一有效手段后，可重复使用的带翼火箭（通常被称为"太空飞机"）这一概念，无论是在现实生活还是在幻想中都几乎主导了所有想探索宇宙的美国人的思想。例如，提到太空飞机，美国人就会想到巴克·罗杰斯。巴克·罗杰斯是 1928 年科幻电影中的英雄人物，他驾驶的"巡逻舰"可以反复使用，外侧有机翼。"巡逻舰"像飞机一样水平起飞，克服了行星的重力，进入太空深处。

　　虽然巴克的飞船本身并不是一个重要角色，但粉丝们对飞船十分热爱，使它成了一个经典形象。通过飞船，观众们认识了太空这个充满冒险因素的新环境。2001 年，NASA 前航天员、副局长弗雷德里克·格里高利回忆起他参与的项目时说："我们对目标是什么、我们要做什么有非常棒的想法；我深深沉浸在这个项目里了。当然，我是看巴克·罗杰斯的故事长大的。"

　　20 世纪 30 年代，在巴克的故事正流行的时候，奥地利航天设计师艾根·桑格尔正在认真研究航天飞机的设计原理，为他的空天飞机设计方案奠定了基础。桑格尔的"银鸟"空天飞机方案应用了助推火箭和滑翔机的设计。第二次世界大战（下文简称二战）后，桑格尔的想法被美国海军航

1957 年，研发人员正在对一个用于风洞试验的 X-15 模型进行测试。如果研发时间能更多一些，世界上第一架高超声速火箭飞机可能已经进入轨道空间了。

NASA 航天飞机简史

HL-10 是 1966 年至 1975 年间在 NASA 飞行研究中心完成的 5 种重型升力体设计之一。在这张图片中，试飞员比尔·达纳在试飞成功着陆后，看着将升力体带上高空的 B-52 轰炸机飞过头顶。

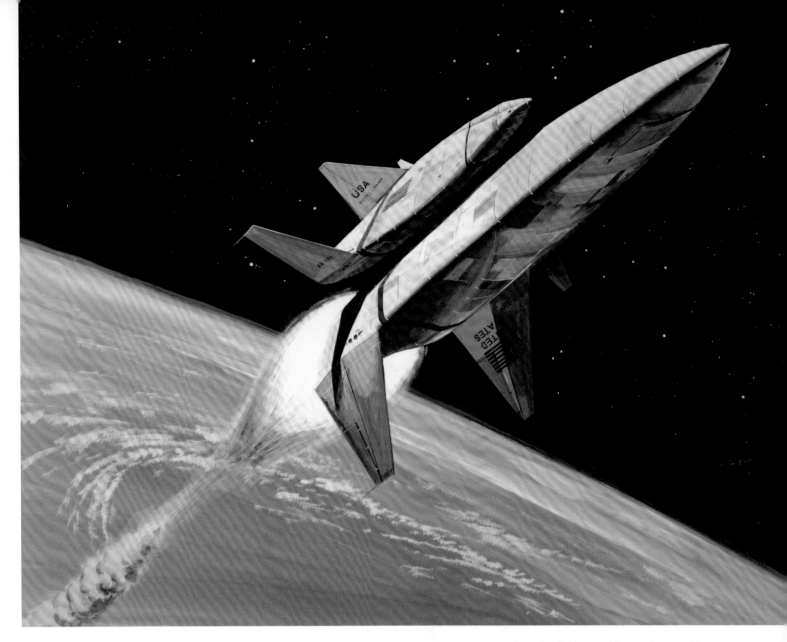

20 世纪 70 年代早期，罗克韦尔公司提出了一种基于升力体概念的航天飞机，可以在一个符合空气动力学和完全可重复使用的助推器上飞行。

空局采纳。到 20 世纪 50 年代，这一构想已经成熟，固特异飞机公司的三级"流星号"（人造地球卫星终端，由地球到轨道的轮渡火箭演变而来）的设计得到了颇具影响力的美国火箭协会的认可。飞船在发射时高约 43.3 米，每一级都有驾驶员驾驶，可以作为滑翔机飞回地球。流星号的目的是在地球和空间站之间往返运送货物和人员。

1952 年 3 月 22 日，《科利尔》杂志在封面上刊登了一架太空飞机图片。这是广大读者第一次了解探索太空飞行的可能性。著名德国火箭专家冯·布劳恩是二战时德国 V2 弹道导弹项目的负责人，二战后他加入美国国籍。他在《科利尔》杂志上发表了一篇文章，描述了可重复使用的带翼航天器进入地球轨道完成太空飞行的场景。他写道："想象一下这个巨大的三级火箭飞船的大小。它的高度约为 81 米，大约相当于 24 层楼的高度。它的底部直径约为 20 米。这艘巨型火箭飞船的总重量为 1400 万磅（约 7000 吨），大约相当于一艘轻型巡洋舰的重量。"他甚至谈到通过带有巨大机翼的太空飞机飞到火星，获取火星上的空气。

在《科利尔》杂志的系列报道之后，沃尔特·迪士尼联系冯·布劳恩，请他指导制作太空飞行主题的电视节目。其中，太空探索短片《人在太空》和《人与月球》于 1955 年首映，吸引了 4000 万观众收看。冯·布劳恩在镜头前展示了引人注目的登月方案，同时也提出了建设一座像轮子一样的空间站，作为探月第二阶段太空飞机前往月球的出发站的设想。迪士尼的动画用机智和幽默的方式阐述了方案中呈现的基本原理。拥有广泛读者的美国《电视指南》杂志向其读者保证："当今太空领域最优秀的思想人物"为这些节目提供了专业信息，这让作品更接近于现实记录，而不仅仅是幻想。

1957 年 10 月，在苏联发射人造卫星后，冯·布劳恩设想的几十年后渐进式进入太空的计划，被美国政府要求在接下来几个月或者几年时间内就能实现。美国选择对现有技术迅速调整，在已经生产出来的改装导弹上发射小型太空舱。小型太空舱比太空飞机更容易建造和完成飞行，而且在解决导弹头进入轨道问题的同时，已经研究了返回地球的过程。如果小型太空舱在到达目的地之前就燃烧了，那么就毫无用处了，而"钝头体"太空舱的隔热问题是很明确解决了的，所以采用"钝头体"太空舱方案。不过，现在还无法保护太空飞机的薄机翼免受再入大气层时的压力的影响。

1965 年，NASA 工程师韦内斯·D. 佩因特的漫画总结了太空舱和升力体的差异。

在华盛顿特区的美国国家航空航天博物馆，收藏了一批老式航天飞机设计微缩模型。

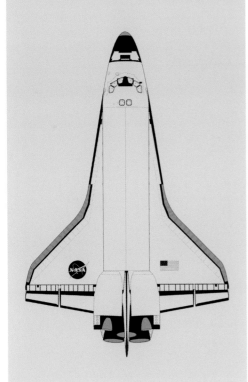

"今天，我决定美国将立即着手开发一种全新的太空运输系统。"

理查德·尼克松总统，1972 年 1 月

带翼的太空舱，钝头体的太空飞机

一些与太空舱研制并行发生的项目也具有重要意义。太空竞赛早期，看起来一架太空飞机确实能很快制造完成，但是可能完成这一任务的不是 NASA，而是美国空军。美国空军正在研发一种航天飞机（X-20 Dyna-Soar，"动力倍增器"的英文缩写），这架航天飞机将在改进后的助推火箭泰坦 II 的助力下进入轨道。

毫无疑问，航天飞机 Dyna-Soar 是从未真正飞过的最令人难忘的太空飞行器之一。1959 年 11 月 9 日，它被正式命名为"620A 系统"。研究人员预测 Dyna-Soar 应该能飞到大气层上边缘，甚至脱离地球大气层。这些研究项目的设计和桑格尔的"银鸟"空天飞机几乎没有什么区别，都是助推器和滑翔机的混合体（甚至还保留了"银鸟"最初的军事功能）。随着 Dyna-Soar 项目的问题越来越多，技术困境和财政超支情况出现了。1963 年 12 月 10 日，这一项目因为不够实用而被终止。约翰·F. 肯尼迪的国防部长罗伯特·麦克纳马拉叫停了建造航天飞机的重要尝试。

与此同时，NASA 继续推进自己的带翼飞机项目，尽管这些项目被水星计划、双子座计划和阿波罗计划的光芒所掩盖。NASA 的前身是国家航空咨询委员会，它在整个 20 世纪 50 年代末都在与美国空军和北美航空公司合作研制 X-15 火箭飞机。这是一种外形粗犷的火箭飞机，可以爬升到太空的边缘，俯冲回地球，在跑道上水平着陆，然后再次被翻新和发射升空。X-15 从 1959 年开始运行，这比第一批执行水星计划的航天员到达太空早两年。X-15 被认为是世界上第一艘真正的宇宙飞船，尽管它无法完全达到第一宇宙速度，也无法承受每小时 28000 千米的再入大气层的速度。如果有充足的时间，X-15 可能是后来所有美国载人航天器的始祖。美国首席航空工程设计师哈里森·斯波姆恩请 NASA 让他"再完善一下"。但在整个 20 世纪 60 年代，通过阿波罗计划到达月球的规划让 NASA 更倾向于采用设计简单的太空舱。

其他一些甚至更奇怪的飞行器设计样机也在大气层中进行了测试，但消息都被弱化了。因为航天从业人员不想让大众看到一些令人尴尬的景象，比如太空舱溅落大海、航天员被直升机救援至安全的地方。1965 年，NASA 加利福尼亚州德莱顿飞行研究中心（现称为阿姆斯特朗飞行研究中心）的工程师韦内斯·D. 佩因特绘制了一幅卡通画。其中一个版面是双子座太空舱在海洋中漂浮，航天员出现晕船症状后正在恢复；另一张是跑道上停着一架粗短的太空飞机，机组人员踩着红地毯朝一辆豪华轿车走去。卡通画的标题写着："从外太空回来时不要等待救援，要潇洒地飞回来。"

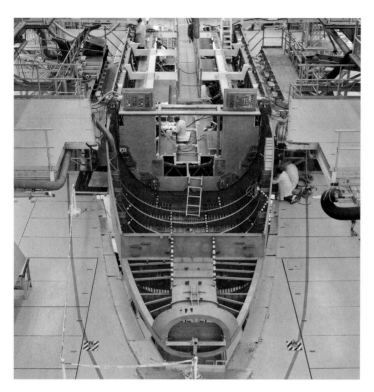

两种解决太空飞行问题的方法都奏效了，但其中一种似乎比另一种更优雅。一个被称为"升力体"的概念结合了太空舱和带翼飞行器两者的优点。事实证明，机翼的宽厚是没有限制的，只要它在顶部产生的气流比在底部产生的气流更快即可。德莱顿飞行研究中心希望，可以通过使带翼飞行器变得更像太空舱来解决它的隔热问题，但同时又不丧失带翼飞行器滑翔的能力。NASA 工程师戴尔·里德是这项研究的负责人。他说："我们的高级管理人员不相信没有翅膀的太空舱能在陆地上着陆，所以让它们降落在海里。我们花费 1 万美元制作了一个木制原型，这一笔小开销不需要得到总部批准。然后我们把原型拖在一辆汽车后面。第一位飞行员米尔特·汤普森完美地进行了操控测试。"

20 世纪 70 年代末，罗克韦尔公司位于加利福尼亚州帕姆代尔的工厂主要建造轨道飞行器。机身是由传统的横向"肋骨"和纵向"纵梁"组成的铝阵列。

到 1963 年夏天，一种原型木制升力体 M2-F1，昵称为"会飞的浴缸"，在空中飞得越来越高。这架"会飞的浴缸"被拖在一架飞机后面，起飞后被释放。NASA 和美国空军资助了一支使用小型火箭发动机的升力体机队，它们都能够在高空高速飞行。

升力体被一架 B-52 轰炸机的机翼带到了 18300 米的高空后被释放。当火箭喷管的推力减弱，升力体开始从最大高度下降后，飞行员只有一次安全着陆的机会。

20 世纪 70 年代末，拉斯·阿拉斯米斯在新闻发布会上展示了 NASA 正在研制的新的航天飞机，这是在可重复进入太空的梦想似乎即将实现的时候绘制的图画。

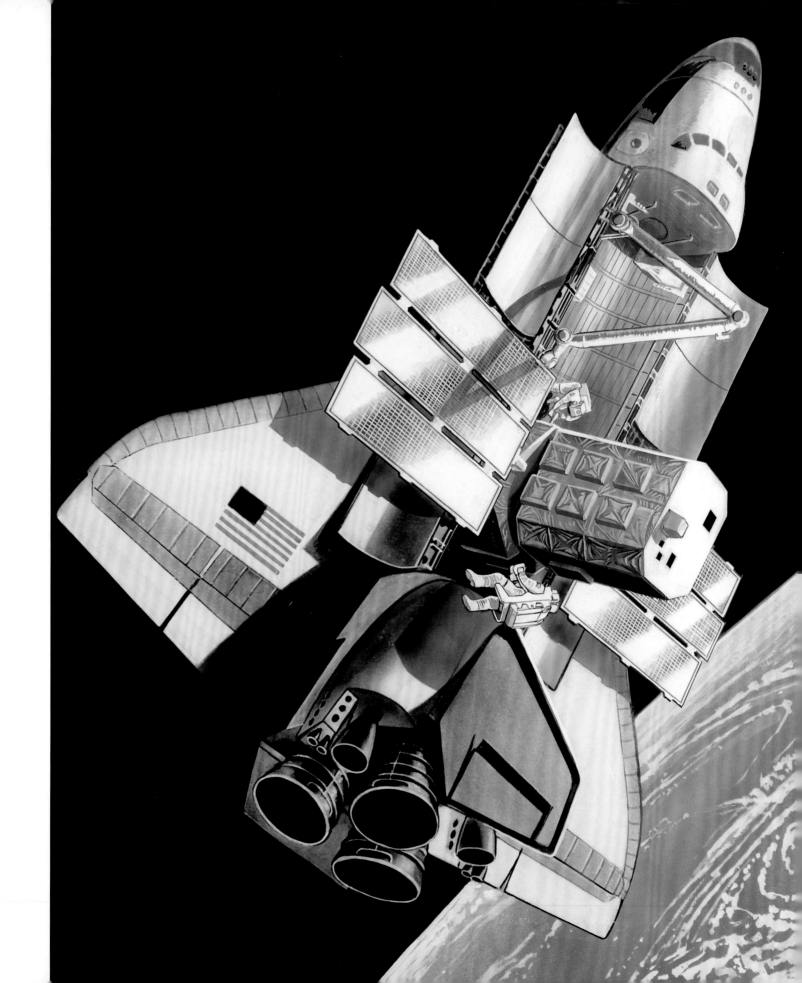

乘务舱有了初步模样。发射过程中发生紧急
情况时，乘员舱分离的方案却难以制定，而
且费用高昂。

第一架航天飞机被命名为企业号，于1976年
在加利福尼亚州帕姆代尔的罗克韦尔工厂建
造。企业号只是一个测试平台，从未进过太
空。它的作用是测试航天飞机在大气层中滑
翔、安全着陆的能力。

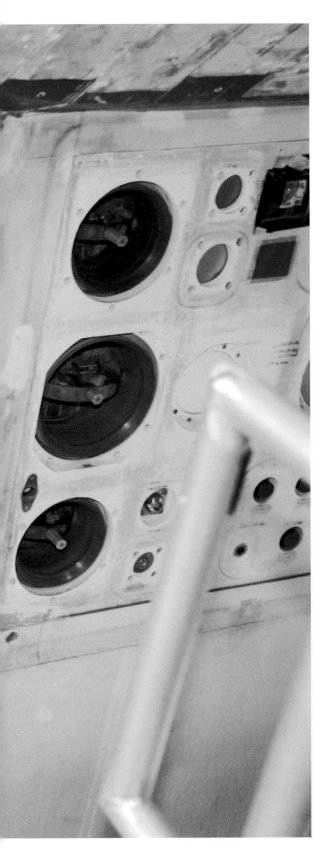

航天飞机的主发动机舱室足够大，可以同时容纳几个技术人员在发动机维护期间在内工作。

与所有高速航空航天项目一样，无论是 X-15（已造成一人死亡）还是升力体，都存在风险。大量数据证明 X-15 和升力体都是可以满足要求的，但因为经费都给了阿波罗计划，X-15 和升力体都没能成为成熟的太空飞行器。然而，在几年之后，NASA 再次转向其长期以来的梦想——建造可重复使用的带有机翼的飞船。

阿波罗计划以外的思考

到 20 世纪 60 年代末，阿波罗计划正在进行的时候，建造一艘能够运载航天员和设备的可重复使用的飞船已经成为 NASA 未来目标的组成部分。1968 年 8 月，在伦敦举行的英国星际学会年会上，NASA 负责载人航天飞行的副局长乔治·E. 穆勒（他曾在阿波罗计划中发挥了重要作用）正式公布了航天飞机的初步设计，描绘了人们能够轻松、反复、经济地进入太空这一令人兴奋的新蓝图。

1969 年 2 月 13 日，正当 NASA 的阿波罗计划第一次成功登月之际，新当选的总统理查德·尼克松委任副总统斯皮罗·T. 阿格纽领导一个太空任务小组，研究美国在太空的下一步规划。太空任务小组与 NASA、航空航天工业机构和太空倡导者合作完成的报告将 NASA 对实现建造可重复使用航天飞机的愿望纳入了一个广阔的未来愿景，其中还包括建造一个空间站、一个月球基地和完成火星探险。

NASA 将以前的发射技术与铁路技术进行了类比，表示每次发射后扔掉动力装置就仿佛火车运行完扔掉了火车头，这是浪费的行为。他们声称新研发的航天飞机将使航天旅行更加经济实惠。20 世纪 60 年代中期进行的研究表明，可重复使用的空间运载工具确实触手可及，而且从长远来看，大量的研发资金投入可能会真正降低操作成本。研究还表明，NASA 和军方都可以

航天飞机的铝制机身在寒冷的太空中略微收缩，在再入大气层的高温下扩展。为了防止易碎的隔热瓦在弯曲和变形时裂开，工人们将它们粘在柔性垫上后再固定到机身上。

使用可反复执行任务的"航天飞机"。1970年1月27日，NASA副局长乔治·M. 洛在给NASA领导层的一份备忘录中提到："我认为航天飞机计划只有一个目标，那就是建成一个低成本、经济实惠的太空运输系统。为了实现这一目标，必须同时关注低开发成本和低运营成本两个方面。"

获得批准

从一开始，这项新计划的资金问题就成了所有问题中最困难的一个。航天飞机计划和阿波罗计划是有区别的，NASA不得不接受这个残酷的现实。NASA行政官托马斯·潘恩是阿波罗时代的留任人员，他希望尼克松总统取消登月计划（阿波罗18号、19号和20号发射任务），把节省下来的资金用于航天飞机的开发。NASA的许多高层人物都急于结束阿波罗计划，担心每一次登月任务给航天员带来的巨大风险。航天飞机、空间站、月球基地和火星任务的研发经费对美国政府来说太高了。最终，潘恩的提议没有得到任何积极反馈。

尼克松任命詹姆斯·C. 弗莱彻为新局长，带领NASA摆脱白宫所说的"快速的、眼花缭乱的模式"，走向"成熟的有组织的工作和长期更加稳定的运营模式"。换句话说，弗莱彻的工作是压制火箭科学家们的梦想，并将太空活动经费置于严格的财政控制之下。在弗莱彻的管理下，NASA接受了航天飞机作为其唯一的在阿波罗计划结束之后的工作内容。即使工作内容大幅缩减，要获得研发测试批准仍然存在困难。1970年3月7日，尼克松总统的

肯·达利森的艺术作品展示了固体火箭助推器分离的时刻。作品刊登在1981年3月的《国家地理》杂志上，名为《当航天飞机终于起飞》。

声明总体上支持NASA。但他也说："我们也必须认识到，地球上的许多关键问题需要我们关注和投入资源。太空项目需要在严格的国家优先事项规划中占据适当的位置。"

NASA试图以低廉的预算满足尼克松总统对新太空计划的愿望。根据计划，将通过重复使用航天飞机及扩大多功能有效载荷舱来节省经费，且有效载荷舱可用于运送各种类型的科学、军事和商业卫星。航天飞机将成为一种万能的太空卡车，提供美国用户需要的多种轨道服务。它还可以进行维修服务、回收损坏的卫星、在轨修复卫星或望远镜（如在轨维修哈勃太空望远镜）、将卫星带回地球。尽管NASA的预算计划有诸多改进，尼克松还是没有批准NASA研发航天飞机的计划。

转折点

航天项目发展的转折点出现在 1971 年 8 月。当时管理预算的办公室副主任（未来的国防部长）卡斯帕·温伯格写信给总统说："如果不继续推动航天飞机项目，我担心在国内外将形成一种认知，那就是我们国家最好的航天发展时期已经过去。"

1972 年 1 月，在尼克松位于加利福尼亚州的家中开会后，弗莱彻获得了建造新型飞船的许可。尼克松说："今天，我决定美国应该立即着手开发一种全新的太空运输系统，借助这个系统，我们将 20 世纪 70 年代探索的太空前沿转变为熟悉的领域，让更多 20 世纪 80 年代和 90 年代的人们前往这一领域。"尼克松对于 NASA 代表团制造的航天飞机的小模型爱不释手。弗莱彻认为这是一个好兆头。虽然其他人都更喜欢"航天飞机"这个词，但 NASA 将航天飞机正式命名为"太空运输系统"（STS），这就是为什么所有后续的轨道飞行任务的名称都以"STS-"开头的原因。

尼克松批准的航天飞机由 3 个部分组成：一个带有乘员舱、154.6 米宽和 18.3 米长的货舱、主发动机（3 个）的三角翼轨道飞行器；一对侧装固体火箭助推器；还有一个外部燃料箱，里面装着液氢和液氧，是轨道飞行器的引擎燃料。航天飞机将能够把大约 30 吨的货物运送到近地轨道。它最多可容纳 10 名机组人员（更常见的是 7 名）执行长达两周的任务。在返回地球的过程中，轨道飞行器具有 2035 千米的"横向"机动能力，用于满足寻找紧急着陆点的安全要求。

提升性能

　　这个飞行器像火箭一样发射，有 2 个可重复使用的侧装固体火箭助推器、3 个航天飞机主发动机，以及一个不可重复使用的外部燃料箱提供燃料。轨道飞行器进入太空执行任务，然后像滑翔机一样重新进入大气层，降落在一条长长的飞机跑道上。实现完全可重复使用的带翼助推级的想法已经被放弃了，因为这对 NASA 来说开发成本太高。相反，固体火箭助推器承担了将飞行器推离地面的任务。这些固体火箭助推器是可以重复使用的，但在海上回收后必须进行翻新。火箭助推器的燃料选择固体燃料而不是液体燃料的原因包括：技术简单、成本低、分割固体燃料助推器操作简单，以及（在犹他州的制造商和 NASA 佛罗里达发射中心之间）运输条件方便。

　　世界上最复杂的发动机——航天飞机 3 个主发动机，产生的最大推力超过 120 万磅（544 吨），驱动航天飞机在 8 分 40 秒内进入轨道，输出功率为 3700 万马力（2719.5 万千瓦）。每个燃烧室的燃烧温度都达到了3315 摄氏度，燃料消耗速度相当于一个游泳池在半分钟内的平均排放速度。此外，3 个航天飞机主发动机的运行压力比以前的液体燃料火箭发动机都高。NASA 工程师丹·邓姆巴赫是开发团队的一员，他说："制造可以多次飞行而不是仅仅使用几分钟后被扔进大西洋的发动机的工作并不容易。首先，发动机内要涌入零下 240 摄氏度的超冷液态氢和液态氧。然后不到一秒，这些燃料就会在 6000 摄氏度的高温下燃烧。如果你能将引擎外壳温度控制在1000 摄氏度以内以防止它熔化，那你已经很厉害了。而且，你必须在巨大的压力下注入燃料。涡轮燃油泵的叶片以 35000 转 / 分钟的速度旋转，这是喷气发动机速度的两倍。"

　　尽管在开发过程中遇到了很多问题，但自动化发动机控制系统及高度仪表化的试验台确保了地面测试时 3 个航天飞机主发动机故障只会导致部分可以替换的零件损坏，而不是整个发动机出问题。故障可以被检测出来，发动机可以足够快地关闭，以防止出现早期火箭测试中常见的灾难性事件。

令人头疼的隔热瓦

　　隔热层是开发过程中需要面对的第二个主要挑战，也是轨道飞行器可以重复使用的关键。航天飞机采用了钝形机身，这部分源于早期的提升机身测试。航天飞机的球鼻头配备了热保护系统，能够多次承受约 2760 摄氏度的高温。早期的航天器采用了烧蚀隔热层，当航天器重新进入大气层时，隔热层就会燃烧，减缓航天器的速度并散热。但这个想法不适合以可重复使用为

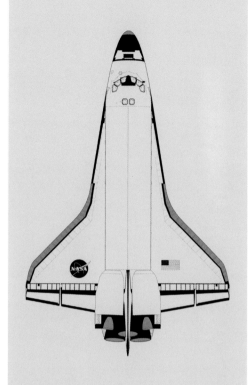

"制造可以多次飞行的而不是仅仅使用几分钟后被扔进大西洋的发动机的工作并不容易。"

NASA 工程师丹·邓姆巴赫，2001年 3 月

1981 年，肯·达利森对轨道飞行器返回、在最终着陆之前的倾斜转弯失去空速这一演习留下的印象。

特点的航天器。

NASA 为航天飞机的机翼和下腹部研制了耐热隔热瓦，可以说每一块的重量都超级轻。观察者惊奇地发现：不戴手套时手拿一块隔热瓦，当喷灯喷射到隔热瓦表面时，直到隔热瓦的顶部发出红光，隔热瓦下都保持凉爽。问题是 34000 个隔热瓦必须粘在航天飞机 70% 的表面上，而由于飞船的空气动力学曲线，每一片隔热瓦形状都不相同。这一令人生畏的难题，以及进一步的管理问题，拖延了项目的进度，大大减缓了航天飞机的研发速度。在 20 世纪 70 年代末，NASA 不得不寻求额外的资金，甚至宣布最初计划在 1978 年进行的第一次航天飞机任务要到 1981 年才会进行。

1976 年 9 月 17 日，第一个测试轨道飞行器"企业号"原型机在加利福尼亚州帕姆代尔的罗克韦尔工厂制造完成。"企业号"这个名字源于电视剧。广大《星际迷航》粉丝写信给白宫，要求以《星际迷航》电视剧中著名的星际飞船来命名。这在太空项目中是从未有过的。4 个月后，企业号在加利福尼亚州 14 号公路上以蜗牛般的速度从陆路被运往位于加利福尼亚州南部的莫哈韦沙漠的 NASA 飞行研究中心。企业号于 1977 年 2 月 18 日在两架改装的波音 747 穿梭运输机中的一架上完成了首次飞行测试。这些"静态"测试持续了一个夏天。8 月 12 日，当企业号被固定在一架穿梭运输机上时，完成了第一次"自由飞行"，并在一次受控和无动力的滑翔降落中安全返回了莫哈韦跑道。参与试飞的航天员是参与过阿波罗 13 号的弗雷德·海斯，他负责指挥，戈登·富勒顿坐在右边的座位上。

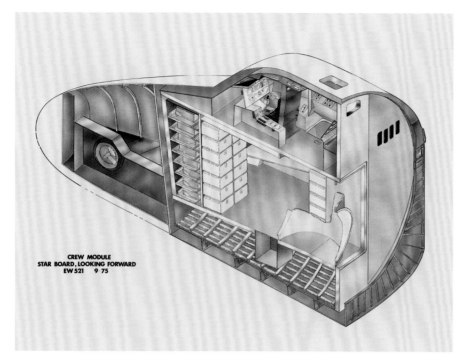

CREW MODULE
STAR BOARD, LOOKING FORWARD
EW 521   9·75

这是罗克韦尔公司 1975 年设计的飞行舱，也称"中间舱"。发射时，任务专家就坐在舱里。舱里还设有卫生间、卧室和用于存放食物和设备的储物柜。

这个着陆测试计划出现了一些困难。1977 年 10 月 26 日，企业号进行了第 5 次也是最后一次自由飞行测试，在着陆时遇到了控制问题，结果有点吓人。在着陆过程中试图减慢航天器速度时，机组人员经历了一次左倾，随后完成校正，但是最终在着陆时力量过大，企业号在地面弹跳了一次，因而花费了比预期更长的着陆时间。这种所谓的"飞行员诱发振荡"是由电传操纵系统与这些系统通过控制杆传递给飞行员的"感觉"之间的不匹配引起的。幸运的是，当飞行员放松控制时，系统进行了自我修正。因为总体上结果不错，所以机组人员决定将企业号带到位于阿拉巴马州亨茨维尔的 NASA 马歇尔太空飞行中心进行一系列地面测试。

1981 年 4 月 12 日是第一次发射航天飞机的日子，那天也是尤里·加加林成为第一个进入太空的航天员的 20 周年纪念日。自 1975 年阿波罗 - 联盟号测试项目结束，最后 3 名阿波罗航天员从太空返回后，美国已经有 6 年没有人进入过太空了，因此哥伦比亚号从佛罗里达州卡纳维拉尔角起飞时引起了极大的轰动。航天飞机第一次进入太空轨道的任务由资深航天员约翰·扬（他曾参加双子座计划并作为阿波罗 16 号的指挥长在月球上行走）和罗伯特·克里彭参与完成，后者在 20 世纪 70 年代初期从空军未完成的航天员太空计划调任到 NASA。

1976年9月17日，《星际迷航》剧组成员参观了新建成的企业号。从左至右分别是NASA局长詹姆斯·弗莱彻、德福里斯特·凯利（饰演麦考伊医生）、乔治·武井（饰演苏鲁光先生）、詹姆斯·杜汉（饰演斯考蒂）、尼切尔·尼科尔斯（饰演乌乎拉中尉）、伦纳德·尼莫伊（饰演史波克先生）、《星际迷航》主创金·罗登贝里、美国国会议员唐·福库和沃尔特·科尼格（饰演切科夫）。

对于这次任务（以及随后的3个任务），NASA为两名机组人员配备了最初为SR-71高空侦察机开发的弹射座椅。克里彭认为弹射座椅主要是"一种心理安慰"，他在飞行后告诉同事："固体火箭助推器喷出大量火焰。如果你被弹射出去，将像烤箱中的面包一样被烤熟。"

大约两分钟后，在海拔50千米的高空，两个助推器燃料耗尽，并与外部燃料箱分离。在海面等待着的船只将它们回收，以进行之后的翻新。航天飞机的3个主发动机继续工作了8分钟，然后在轨道飞行器到达太空时关闭。这时候外部燃料箱与轨道飞行器分离，并沿着弹道轨迹前往大西洋深处的无害（可能会有点昂贵的）位置。

哥伦比亚号达到了27877千米/时的速度，每90分钟绕地球一周。扬和克里彭测试了机载系统，发射了用于改变轨道的轨道机动系统的较小火箭，以及用于精细姿态控制的反应控制系统助推器，并打开和关闭了约18.3米

NASA 空气动力学专家马克斯·法格特负责水星计划、双子座计划和阿波罗计划的实施，他还率先设计了可重复使用的航天飞机。这个图像展示的是他正在测试一个 1969 年的、由轻木和纸制作的飞机模型。

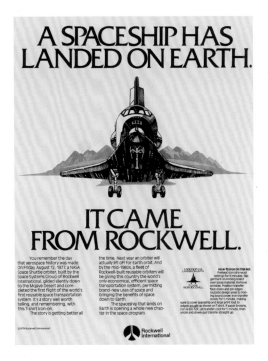

A SPACESHIP HAS LANDED ON EARTH.

IT CAME FROM ROCKWELL.

1978 年，罗克韦尔公司为航天飞机制作了一个杂志广告。广告插图用特殊墨水绘制，可以熨烫在 T 恤上。

长的有效载荷舱门（舱本身在第一次测试任务时是空的）。在环绕地球 36 圈、在太空中遨游了两天之后，哥伦比亚号像一架飞机一样在加利福尼亚州的爱德华兹空军基地着陆，举国上下一片欢腾。

隔热瓦丢失

但任务期间出现了一个重要的警告信号。扬和克里彭在有效载重舱门打开后，第一次通过机尾飞行舱的后向窗户向外看时，他们震惊了。他们看到机尾的 16 块隔热瓦在发射过程中脱落了。后来发现，航天员视线之外的 148 块隔热瓦也有轻微损坏。NASA 担心哥伦比亚号可能会在重返大气层时被烧毁，向高度机密的负责侦察卫星的国家侦察局求助。于是一颗 KH-11 "钥匙孔" 侦察卫星利用其功能强大的望远镜，在哥伦比亚号经过它视线范围内时，观察哥伦比亚号的底部。事实上，这个观察程序早在几个月前就计划好了，因为 NASA 已经对隔热瓦的完整性感到担忧。于是，因为真的发生了状况，"钥匙孔" 侦察卫星的观察突然就变得非常重要，而不仅仅是完成一般观察。

幸运的是，哥伦比亚号底部最重要的隔热瓦没有丢失。国家侦察局参与 STS-1 任务的传闻直到 2015 年才被承认。在执行任务之前，NASA 指示航天员约翰·扬 "不要告诉记者关于'钥匙孔'侦察卫星的事情"。

以船命名

NASA 和媒体兴奋地宣传太空飞行新时代的开始。在这个时代，各种私人和联邦客户都可以使用廉价的方式访问太空。NASA 决定再建造 3 艘轨道飞行器，这 3 艘飞行器都以著名的探险帆船命名。哥伦比亚号的命名是为了纪念 1836 年第一批环球航行的美国海军船只之一。挑战者号以 1872 年至 1876 年期间探索大西洋和太平洋的海军舰艇命名。发现号以两艘船的名字命名，一艘是 1610 年亨利·哈德逊在寻找大西洋和太平洋之间的西北通道时却发现了哈德逊湾时乘坐的船；另一艘是 18 世纪 70 年代，库克船长访问夏威夷群岛、探索阿拉斯加南部和加拿大西部时，率领的船队中的船。最后，亚特兰蒂斯号以伍兹霍尔海洋研究所在 1930 年至 1966 年期间运行的一艘双桅帆船命名，这艘双桅帆船航行了 50 万英里（80.5 万千米）开展科学研究。

STS-1 任务的主要机组人员和后备机组人员
出席了在休斯敦约翰逊航天中心举行的会
议。从左至右依次为乔治·艾比（约翰逊航
天中心飞行运营总监）、约翰·扬、罗伯特·克
里彭和理查德·特鲁利。

在航天飞机完成 4 次飞行之后，里根总统宣布太空运输系统开始运行。此后，NASA 开始着手商用，运送商业卫星进入轨道。这一营销举措取得了一些成功，特别是当 NASA 为客户提供发射服务时收取的费用比发射所需成本更低时。NASA 承诺将迅速转变任务，并相信部署卫星将开发一个可以创造利润的市场。在这种狂热的销售环境下，NASA 说服了自己，相信自己可以每月发射 2 次航天飞机任务。1983 年，一份名为"我们交付"的营销宣传册将太空运输系统吹捧为"世界上最可靠、最灵活、最经济的发射系统"。

在 1982 年 11 月 11 日发射的 STS-5 任务中，哥伦比亚号运载了有史以来第一个商业用途的有效载荷，由一艘载人飞船运送通信卫星 ANIK-C3 和 SBS-C 进入太空。在接下来的 3 年里，太空运输系统共部署了 24 颗商业卫星，但这些任务并没有全部按计划顺利完成。1984 年，Palapa-B2 和 Westar-6 两颗卫星搭载的挑战者号助推发动机在从 STS-41B 任务有效载荷舱发射升空后，未能正常点火，致使两颗卫星滞留于低轨道，无法使用。但是太空运输系统的发展给了以后拯救它们的希望。1984 年 11 月，根据与保险公司签订的合同，发现号将这两颗卫星找到并送回地球进行翻新。

经验丰富的任务控制主管吉恩·克兰兹（左）是约翰逊航天中心的高级经理，在 STS-1 任务出现隔热瓦危机期间任资深顾问。他在面对记者时很尴尬，因为他无法谈论使用侦察卫星检查哥伦比亚号底部的细节。

航天飞机推动了科学发展。在航天飞机内可以进行实验，设置了载人的加压实验室，甚至有能力进行小型和成本不高的科学项目。这些项目可以由专业院校进行设计。"特制门户"是在任务中提供的小型容器，允许专业和非专业用户进入太空进行小规模实验，只要设备不以任何方式干扰其他系统和航天员工作就可以使用。有一两个科学家对使用如此昂贵的发射系统提出质疑，认为研发成本本可以更有效地用于机器人探测器，以更少的资金获得更高的科学回报。美国科学家詹姆斯·范·艾伦以发现范艾伦辐射带而知名，他表示从来不相信发展航天飞机是能盈利的。2004 年，他说："航天飞机风险很高，成本巨大，科学性微不足道。谁能举出将人类送入太空的好理由？"

但是，科学家们在整个太空计划中都提出了"追求更高科学价值"的论

1981 年 11 月，在 STS-2 任务中，航天员乔·恩格尔和理查德·特鲁利进行空对地对话之前，美国总统罗纳德·里根听取了约翰逊航天中心主任克里斯托弗·克拉夫特的汇报。

点，在某种程度上，他们没有理解太空计划的重要意义。将人送入太空不仅仅具有科学价值，否则美国人将无法承担其高昂的成本。

压力下的时间表

1986 年 1 月，NASA 永远地改变了航天飞机实现"低价、低成本、常规化"进入太空的口号，因为 NASA 已经积压了 44 份商业发射订单。NASA 曾承诺每年会进行的飞行任务，到当时为止只完成了 24 次。尽管航天飞机可重复使用，但它非常复杂，加上在航天环境中飞行的要求一贯严格，所以飞行之间的维护时间是几个月而不是几天。此外，由于燃料泄漏、计算机故障、舱口机械堵塞和最后一刻发动机关闭等一系列问题，任务出现过多次推迟。

发射计划表未按预期执行。考虑到航天飞机需要花费数千小时和许多昂

1979 年 3 月 8 日，哥伦比亚号从罗克韦尔公司的帕姆代尔工厂驶出，经过两天、36 英里（60 千米）的路程后到达 NASA 加利福尼亚州德莱顿飞行研究中心。在德莱顿飞行研究中心与一架 747 运输机配对后运往肯尼迪航天中心。

1981 年初，约翰·扬（左）和罗伯特·克里彭（右）在航天飞机任务模拟器中为执行历史上第一次航天飞机任务（STS-1 任务）而训练。

贵的替换零件才能保持令人满意的性能，观察家开始批评 NASA 缺乏成本意识。另一方面，也有许多重要的承诺得以实现。航天飞机确实拓展了人类太空飞行的机会。1983 年 6 月，萨莉·K. 赖德博士在 STS-7 任务中成为第一位乘坐航天飞机飞行的美国女性。在 1984 年 10 月 11 日的 STS-41G 任务期间，凯茜·沙利文成为第一位进行舱外活动的女航天员。1990 年凯茜·沙利文在 STS-31 任务中再次飞行，这是一次历史性的任务，部署了哈勃太空望远镜。1983 年 8 月，在 STS-8 任务中，盖恩·布鲁福德成为第一位非裔美国航天员。1984 年，罗纳德·麦克奈尔继续执行 STS-41D 任务，弗雷德里克·格里高利完成了 3 次飞行任务，并在 2002 年至 2005 年期间担任 NASA 副局长。此外，埃里森·鬼冢是第一位进入 NASA 航天员队伍的亚裔美国人。1985 年 1 月，他在 STS-51C 任务中首次飞行，这是太空运输系统的第 15 次飞行。

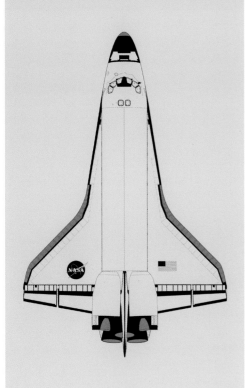

"固体火箭助推器喷出大量火焰。如果你被弹射出去，将像烤箱中的面包一样被烤熟。"

STS-1 任务飞行员罗伯特·克里彭，1981 年 4 月

扩大航天员的选择范围

NASA 提出了一个有效载荷专家计划，让与特定实验相关的人参与飞行；以及一个太空飞行参与者计划，允许非科学家或工程师体验轨道飞行。有争议的是，参与飞行的部分人没有受过航天员或科学家的训练。杰克·加尔恩和比尔·纳尔逊分别于 1985 年和 1986 年乘坐过航天飞机。在纳尔逊的飞行结束之后，他成为众议院空间科学和应用小组委员会主席，并对这个空间计划发表了看法。他说："如果美国放弃了太空冒险，那么我们发展的终极结果只是一个地球上的国家。我们做出探索太空的承诺的主要原因可以总结为：太空是我们的下一个前沿领域。"

来自其他国家的航天员也乘坐过航天飞机，包括沙特阿拉伯、加拿大、法国、德国、意大利、日本、瑞士，甚至还有俄罗斯。1983 年，欧洲航天局第一位参与飞行的航天员乌尔夫·默博尔德后来评论道："这是我一生中第一次看到地平线是一道弯曲的弧线，上面的一层薄薄的深蓝光晕就是我们所说的大气层。我惊异于大气的这种纤细脆弱的外观。"就像之前和之后的许多坐过航天飞机的人一样，这震撼的景色留下的记忆促使默博尔德意识到为子孙后代保护地球的必要性。

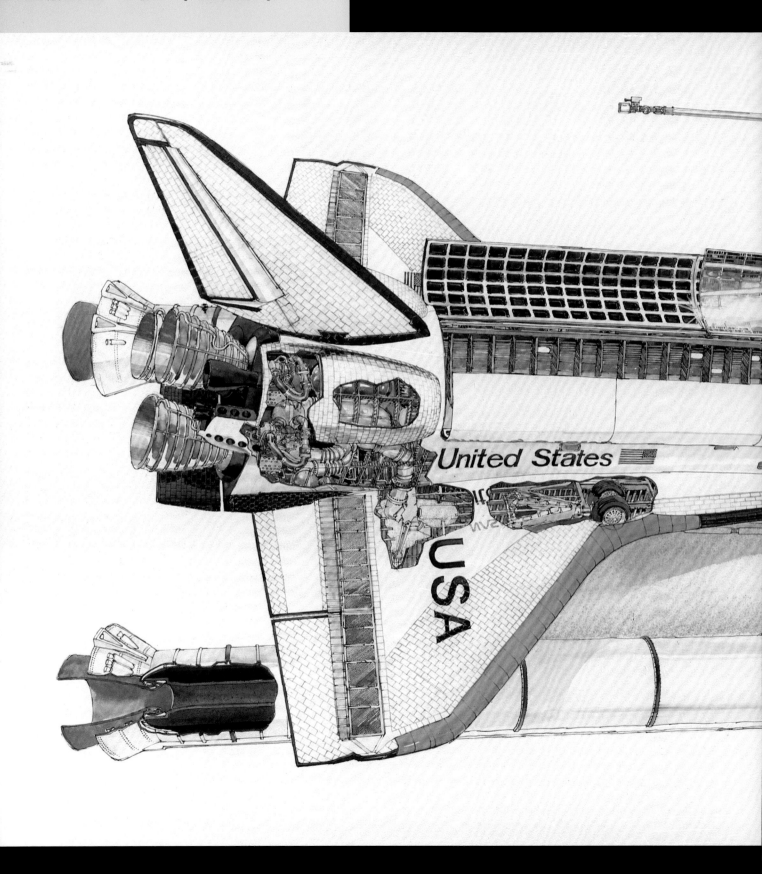

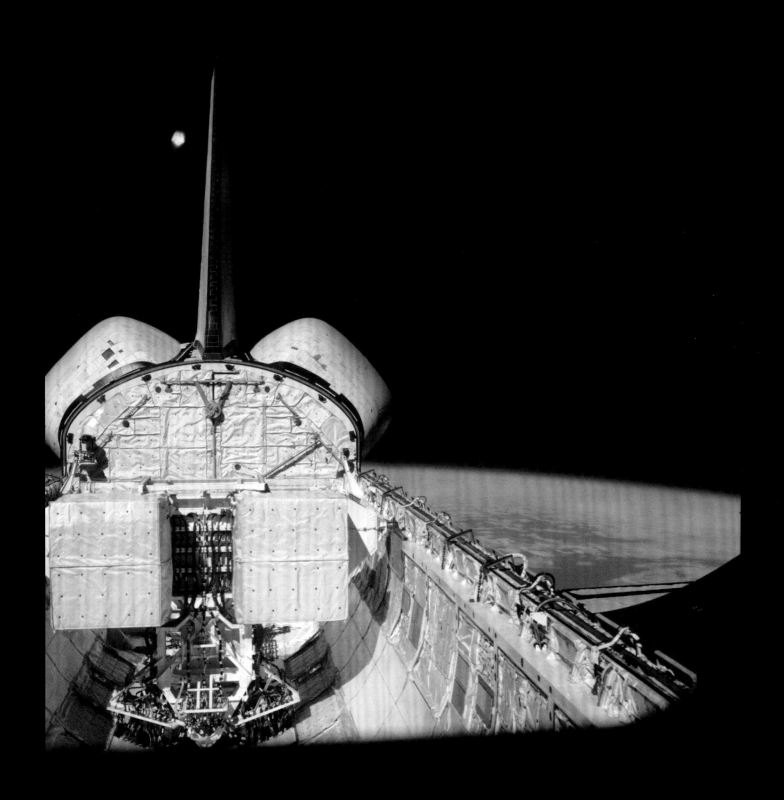

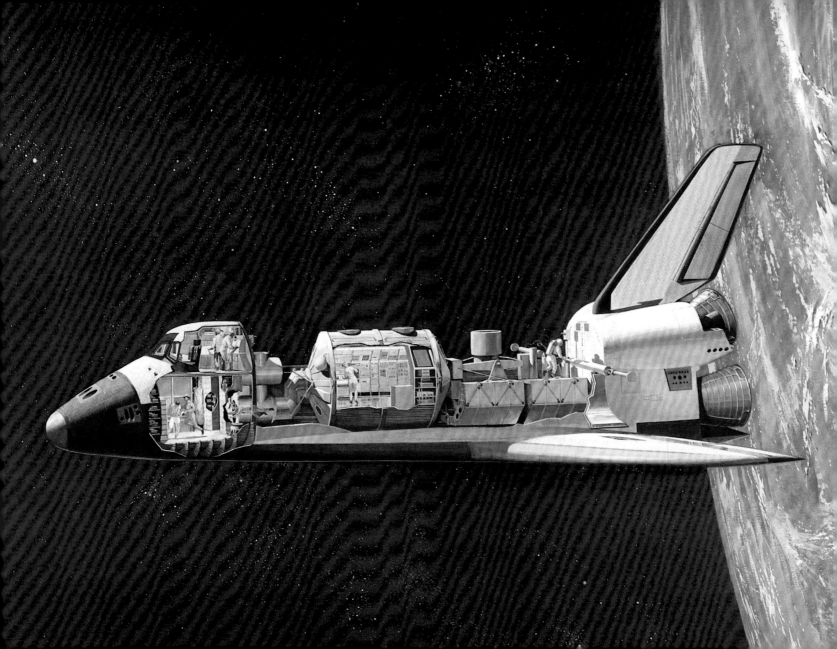

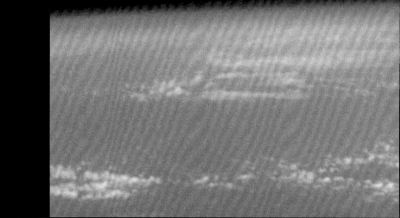

68

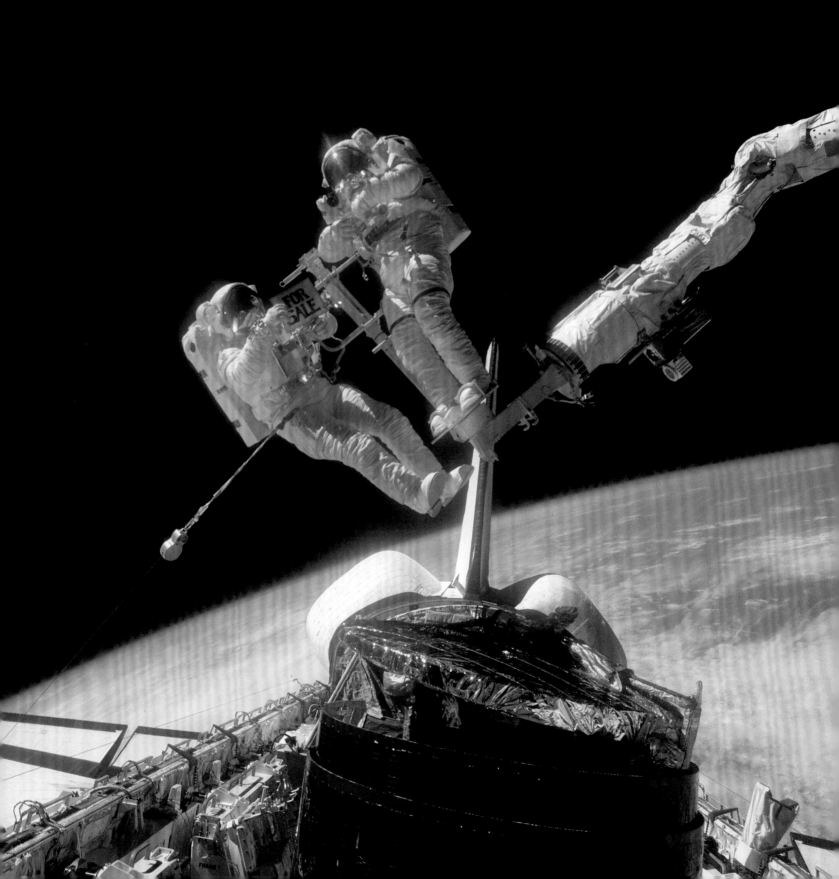

建造航天飞机图片说明

38–39 页

1981 年 3 月，肯·达里森为《国家地理》杂志的一篇报道绘制了这幅航天飞机剖面结构图。

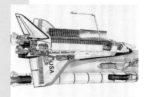

47 页

远程摄像机记录了哥伦比亚号航天飞机用完后的固体火箭助推器坠落回地球的瞬间。

40 页

1977 年 9 月 13 日，奋进号航天飞机在"进场与着陆"测试的第二次自由飞行中与载具飞机分离。

48 页

约翰·扬坐在左侧的座位上，这个座位一般是任务指令长的专属座位。NASA 的 3 代宇宙飞船，无论是双子座号飞船、阿波罗登月飞船（包含一次月球表面任务）、航天飞机，约翰·扬都驾驶过。

41 页

奋进号航天飞机在第二次自由飞行中做了转弯和倾斜的飞行动作，它在完全没有动力的情况下靠着滑翔完成了降落。

49 页

在 STS-1 任务中，约翰·扬为罗伯特·克里彭拍摄的照片，扬使用了一台 35 毫米的相机。

42 页

乔·恩格尔（右）和理查德·特鲁利（左）在奋进号航天飞机上准备"进场与着陆"测试，此刻航天飞机尚未脱离载具飞机，他们正在检查弹射装置。

50 页

长焦镜头捕捉到一个令人担忧的细节。隔热瓦从哥伦比亚号航天飞机轨道操作系统的右侧吊舱中脱落。

43 页

奋进号航天飞机的最后两次"进场与着陆"测试是在卸下了发动机护罩的情况下进行的，在之前的测试中，3 个仿制的发动机喷口上都覆盖着发动机护罩。

51 页

哥伦比亚号航天飞机有效载荷舱的照片，由类似阿波罗计划中航天员于 20 世纪 60 年代至 70 年代所使用的哈苏相机拍摄。

44–45 页

1981 年 4 月，哥伦比亚号航天飞机在肯尼迪航天中心 39 号发射台准备就绪，原定于 4 月 10 日的首次发射因机载计算机故障而被取消。

52 页（上部）

1978 年，罗克韦尔公司在其位于加利福尼亚州帕姆代尔的工厂内建造了第一架航天飞机的前椎体。

46 页

1981 年 4 月 12 日，哥伦比亚号航天飞机第一次发射升空，由资深航天员约翰·扬担任指令长，罗伯特·克里彭担任驾驶员。

52 页（下部）

1981 年 4 月 14 日，完成 STS-1 任务的哥伦比亚号航天飞机在加利福尼亚州爱德华兹空军基地罗杰斯干湖上着陆，这是航天飞机的首次轨道飞行任务。

53 页

哥伦比亚号航天飞机在罗杰斯干湖短暂的雨季之后，映照在一片水光之中。红色的水管正在清除哥伦比亚号航天飞机燃料箱中残留的推进剂。

54 页

从哥伦比亚号航天飞机下来之后，约翰·扬（左）和罗伯特·克里彭（右）受到了 STS-1 任务回收小组的热烈欢迎。

55 页

在哥伦比亚号航天飞机着陆后，技术人员指着航天飞机腹部受损的隔热瓦。

56 页

1981 年 11 月 12 日，哥伦比亚号航天飞机在其第二次任务中升空，这是最后一次在外部燃料箱涂装白色油漆。这些油漆为整个系统增加了不必要的重量。

57 页

1982 年 11 月，文斯·布兰德（左）和罗伯特·欧沃米尔在执行 STS-5 任务的哥伦比亚号航天飞机驾驶舱内检查三个阴极射线管显示器中的一个。

58 页

萨莉·K.赖德于 1983 年 6 月 18 日作为任务专家登上执行 STS-7 任务的挑战者号航天飞机，并成为第一位进入太空的美国女性。此时，她正在飞行座椅上欣赏窗外的美景。

59 页

在萨莉·K.赖德首飞三年之后，她帮助调查了挑战者号航天飞机在 1986 年 1 月爆炸的原因。

60 页

前美国空军战斗机飞行员盖恩·布鲁福德是第一位非裔美国航天员，他于 1983 年 8 月 30 日作为任务专家在 STS-8 任务中搭乘挑战者号航天飞机升空。

61 页

执行 STS-8 任务的挑战者号航天飞机于凌晨 2 点 32 分照亮了佛罗里达的天空，执行了第一次夜晚发射航天飞机的任务。

62 页

空间实验室的剖面图，可以看到欧洲建造的加压科学舱和一个外部装载平台。

63 页

1983 年 11 月在哥伦比亚号航天飞机 STS-9 任务中的空间实验室 1 号。画面中从左至右分别是罗伯特·帕克、拜伦·利希滕伯格、欧文·加里奥特和欧洲航天局的航天员乌尔夫·墨博尔德。

64 页

1983 年 4 月 7 日，斯托里·马斯格雷夫（左）和唐纳德·彼得森（右）在挑战者号航天飞机 STS-6 任务中于航天飞机的有效载荷舱内进行了航天飞机时代的首次太空行走。

65 页

斯托里·马斯格雷夫（左）和唐纳德·彼得森（右）在 STS-6 任务中测试一个扶手系统。他们面临的唯一问题其实是新太空服的手套。斯托里·马斯格雷夫报告说，他的手指在手套内快要冻僵了。

66 页

1984 年 2 月，在 STS-41B 任务中，任务专家布鲁斯·麦克坎德雷斯离开挑战者号航天飞机测试了载人机动装置。

67 页

在 STS-41B 任务中，布鲁斯·麦克坎德雷斯在挑战者号航天飞机远程操作系统的远端。

68–69 页（69 页）

布鲁斯·麦克坎德雷斯使用以喷射氮气反推力为动力的载人机动装置离开挑战者号航天飞机，进行了历史上第一次无绳太空行走。

68–69 页（68 页）

在布鲁斯·麦克坎德雷斯的单独太空行走中，载人机动装置上的相机首次拍摄到了挑战者号航天飞机在轨的场景。

70 页

1984 年 11 月 14 日，在 STS-51A 任务中，戴尔·加德纳使用载人机动装置将因故障未能进入预定轨道的西联星六号卫星回收至发现号航天飞机的有效载荷舱中，以便将卫星一起带回地球。

71 页

在 STS-51A 任务中，戴尔·加德纳（左）手持"出售中"的广告牌，而此刻他的同事约瑟夫·艾伦正在发现号航天飞机的驾驶舱控制着机械臂。

72 页

当航天飞机在加利福尼亚州的飞行研究中心着陆后，装卸装置将它转移固定在一架波音 747 飞机背上，以便能返回佛罗里达的肯尼迪航天中心。

73 页

1984 年 4 月的 STS-41C 任务后，摄影师约翰·查克雷斯在肯尼迪航天中心装卸挑战者号航天飞机的过程中拍摄了一张清晰的装卸装置的照片。

74 页

1984 年 2 月 3 日，约翰·查克雷斯拍摄了挑战者号航天飞机在 STS-41B 任务中的升空过程，并将其收录到了自己的摄影集《第一舰队》中。

75 页

1985 年 11 月 8 日，约翰·查克雷斯拍摄了发现号航天飞机在 STS-51A 任务升空时冲破云霄的照片。人们还可以从照片中肯尼迪航天中心著名的户外数字计时器上看到飞行时间。

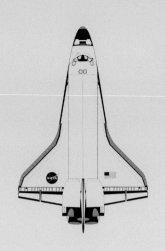

2 损失与恢复

"有一个组织，人们曾经认为它的运作是完美的，但现在它连最基本的事情都无法完成。"

NASA 前局长詹姆斯·韦布，1986 年

在航天飞机项目令人眼花缭乱的成功背后，为了使发射频次更符合早期的规划，NASA 接受了操作程序的不当改变，而这增加了发射系统的风险，也增加了灾难发生的概率。其中一个趋势是只要显而易见的小问题没有危及到任务，它们就会被忽视，比如隔热瓦的凹痕，或者固体火箭助推器部分密封圈被烧穿。这是风险管理中一种常见问题。另一个问题是，NASA 决定在制造商特别说明不适合发射的天气条件下发射航天飞机。他们的理由是没有人能够证明如此寒冷的天气下航天飞机无法工作，所以仅仅因为天气原因就不进行发射是不合理的。

不幸的是，NASA 对安全的懈怠导致了 1986 年 1 月 28 日上午发生的灾难。当时，执行 STS-51L 任务的挑战者号航天飞机从布满冰柱的停机坪发射，飞入佛罗里达州异常寒冷的天空。右侧的固体火箭助推器在点火时即发生了泄漏。寒冷的天气冻硬了圆柱形部件之间的 O 形橡胶密封圈。一股火焰将液体燃料箱的侧面烧焦，而助推器和挑战者号航天飞机便固定在这个液体燃料箱上。

升空 73 秒后，指令长弗朗西斯·斯科比获得了任务控制中心的授权，将挑战者号航天飞机的 3 台液体燃料发动机动力全开，向入轨进行最后的推进。就在那一刹那，侧面的火焰终于烧穿了燃料箱的外壳，瞬间将里面的烈性燃料点燃。燃料箱爆炸了，挑战者号航天飞机在两倍声速的情况下解体了。所有的机组成员：弗朗西斯·斯科比、迈克·史密斯、朱蒂丝·雷斯尼克、罗纳德·麦克奈尔、埃里森·奥尼佐卡、格里高利·杰维斯和克里斯塔·麦考利夫全部遇难了。

这场事故在任何情况下都是一场巨大灾难，而且由于挑战者号航天飞机的机组成员在种族、性别、出生地、背景各方面都充分展现了美国社会的特征，这次事故显得尤为糟糕。

一个固体火箭助推器的连接部。这张照片清楚地展示了出现问题的 O 形橡胶密封圈，它在寒冷天气中的问题导致了挑战者号航天飞机在 1986 年的事故。

　　全世界超过百万人通过电视观看了这场灾难，这场爆炸也成了 20 世纪 80 年代最重要的事件之一。麦考利夫是来自新罕布什尔州康科德的一名教师，她从 1.1 万名申请者中脱颖而出，参加了这个 1984 年里根总统自豪宣布的太空教师项目。她的去世对于那些期待她在太空中授课的学生来说尤为痛苦。里根在向全国哀悼挑战者号航天飞机的讲话中讲出了人们的心声："我知道这很难接受，但有时像这样痛苦的事情就是会发生。这都是探索和发现过程的一部分。未来不属于胆小的人，它属于勇敢的人。"

　　也许总统在这种悲剧时刻的确应该提供安慰的声音，但是另一些旁观者则不那么宽容。NASA 前局长詹姆斯·韦布，这位在 20 世纪 60 年代阿波罗计划的绝大部分时间都领导着 NASA 的人，在挑战者号航天飞机发生爆炸时痛苦地观看了这个过程。在灾难发生几个月之后，他反思说道："有一个组织，人们曾经认为它的运作是完美的，但现在它连最基本的事情都无法完成。"

独立调查员

　　著名物理学家理查德·费曼加入了调查挑战者号航天飞机失事的调查委员会，即罗杰斯委员会。在电视摄像机下，他将一块橡胶放入一杯冰水中，并展示了它是如何在寒冷条件下最终变硬的。"你认为这与我们的问题有关吗？"他向观众问道。他很清楚地模拟了事故发生时的情况，清楚说明了 O 形橡胶密封圈的缺陷，以及在极端寒冷条件下发射航天飞机是不可取的。费曼想要进一步探究"如果 NASA 对待固体火箭助推器上的 O 形橡胶密封圈的行为是存在问题的，那么如果我们再检查一下液体燃料发动机和航天飞机的其他部件，我们又会发现什么呢？"费曼参观了 NASA 的设施，直接和一线工作人员交谈。费曼写道："我有一个确切的结论：高级管理人员允许出现设计上无法应对的错误，而一线工程师的声音却被忽略了。"

费曼发现的这个管理问题，在阿波罗计划时代是不可想象的，而现在这个问题却降低了 NASA 做出可靠控制和合理判断的能力。虽然罗杰斯委员会的最终分析在很大程度上是技术分析，但它也强调了 NASA 内部的管理问题。在航天飞机失事前，一些项目工程师已经充分指出固体火箭助推器的 O 形橡胶密封圈在寒冷天气下可能出现的故障，但不通畅的信息传递机制使这些信息无法传达到可以拍板解决问题的决策者那里。一些记者甚至进一步声称白宫曾催促 NASA 执行 STS-51L 任务，以便于里根总统能够在当晚的国情咨文中提及这次飞行。没有明确证据显示白宫曾经干预发射计划，但可以肯定的是，这次事故在很大程度上是由于 NASA 不健康的组织结构和有

一次紧急消防演习。在现实中，航天飞机并没有任何保障措施能够在发射出现问题时让机组成员逃生。在初始上升阶段时中止是很困难的。

缺陷的决策机制所导致的，无论这次飞行是有意识还是无意识地取悦其政治支持者的行为。

更好的时代

从挑战者号事故后航天飞机恢复飞行至空间站时代开始的 10 年间，航天飞机取得了许多成功。没有什么比 1992 年的 STS-49 任务更能证明这一点。1992 年 5 月 13 日，在 STS-49 任务中，航天员凯文·奇尔顿在一次史诗级的太空行走中捕获、修理和重新部署了一颗巨大的通信卫星。他说："这是一次伟大的交会任务。"里克·希布、汤姆·阿克斯和皮埃尔·修特则进行了第一次三人太空行走，并在两次尝试后成功捕获 4.5 美制吨（4.0 公制吨）的 Intelsat VI 卫星，将其移动到奋进号航天飞机的有效载荷舱，并为其安装了一个新的附加助推器，使其可以提升到正确的轨道。航天员们总共进行了 4 次太空行走，共计 25 小时 23 分钟，这些成就使他们的任务成为 NASA 历史上最令人难忘的任务之一。

STS-49 任务及其他任务表明：在挑战者号事故之后，航天飞机已经能够成功运行。而随后的 10 年对于 NASA 来说是一个高潮期。随着航天飞机成为一个有效的交通工具，形成了一支由飞行员、科学家、工程师、研究人员和维修人员组成的杰出航天员队伍，航天飞机取得了一系列令人惊叹的成就。在这个横跨 20 世纪 90 年代到 21 世纪初的时代，航天飞机展示了它实现伟大目标的可能性。从根本上来说，在这一相对美好的时期内飞行的 66 次任务，扫除了之前挑战者号失事带来的阴影。

在公众的印象中，还有一项让人记忆犹新的任务。1990 年 4 月从发现号航天飞机的有效载荷舱入轨后，因为主镜的制造问题，人们期待已久的哈勃太空望远镜被认定为先天近视。这个经过 10 年开发、耗资 20 亿美元的项目，迎来的却是一场失败。幸运的是，该望远镜设计时便设计了航天飞机航天员的后续维护方案。

穿着防护服的技术人员正在准备有效载荷舱。航天飞机可以携带的有效载荷质量相当于一辆校车，接近 30 吨。

因此光学工程师们设计了一个巧妙而紧凑的镜片系统，这个系统可以使哈勃太空望远镜重新清晰成像。1993 年 12 月 2 日，奋进号航天飞机携带救援人员升空。航天员斯托里·马斯格雷夫、杰弗里·霍夫曼、托马斯·埃克斯和凯瑟琳·索顿分两组轮流工作，在五次背靠背的太空行走中完成了各种维修工作，并安装了新的光学组件，总时长达 35 小时。这次维修任务是未来几年中一系列任务的第一个，而这也重新唤起了公众对航天员的热情。NASA 最雄心勃勃的计划就这样开始了。

继续，然后结束太空竞赛

苏联的和平号空间站（第三代多模块空间站）的第一个组成舱段于 1986 年发射，就在挑战者号航天飞机爆炸的 3 周后。必须承认，在当时即使 NASA 一切顺利，他们仍然没有苏联那样建造长期空间站的能力。苏联对和平号空间站的宣传，刺激里根总统拿出了回应。在 1984 年 1 月 25 日的国情咨文中，里根宣布："今晚，我指示 NASA 研制一个永久性的载人空间站，并在十年内完成…… 我们希望我们的朋友能帮助我们一起迎接这一挑战，并分享其收益。NASA 将邀请其他国家参与，这样我们就可以维护和平，共建繁荣，为所有与我们有共同目标的人扩大自由的世界。"

欧洲航天局很快加入了空间站项目，这个项目在当时被称为"自由"号。之后日本和加拿大也报名参加了这个项目。然而，在 20 世纪 90 年代，经过无数次技术和预算讨论，自由号空间站的设计方案一直悬而未决，之后的历史剧变引发了又一次的波折。1992 年 6 月 6 日，NASA 局长丹·戈尔丁和他的俄罗斯同行尤里·科普特夫于丹·戈尔丁在华盛顿的公寓会面。他们所讨论的主题在航天领域内是史诗级的。俄罗斯和美国能否于新时代在太空中找到共同的事业？戈尔丁和科普特夫就一系列涉及 NASA 航天飞机和俄罗斯和平号空间站的联合任务进行了谈判，并以此作为建立更广泛合作伙伴关系的预演。1994 年，在新当选总统比尔·克林顿的祝福下，改名为"国际空间站"（ISS）的提案被重新提出，包括俄罗斯的核心舱和 NASA 与盟友的舱段。

NASA 与俄罗斯交易的动机其实很复杂。一个因素是需要保证俄罗斯的火箭工业不受经济动荡的影响。合作项目确保了俄罗斯运载火箭、航天专业知识和轨道硬件将被国际空间科学界所利用。

航天飞机着陆后，地勤车队包括一辆带有舒适座椅的乘员运输车（航天员经常在此适应地球引力），以及一辆"排空"车，用于抽出任何可能对地面人员造成危险的剩余推进剂。

从对手到盟友

在 1995 年至 1998 年期间，美俄之间展开了一系列的航天飞机与和平号空间站联合任务。这些任务真正的起点是 1994 年 2 月的 STS-60 任务，俄罗斯航天员谢尔盖·克里卡列夫乘坐发现号航天飞机与美国航天员一起工作。一年之后，发现号靠近和平号，但并未对接，只是对基本对接模式进行了慎重的测试。之后的 1995 年 6 月 29 日，亚特兰蒂斯号在 STS-71 任务中成功实现与和平号的对接。这或许是自从 1975 年作为苏联和美国政治紧张局势暂时（且短暂）缓解的标志性事件的美国阿波罗号和苏联联盟号飞船极具象征意义的对接以来，航天领域最重要的外交事件。从 1995 年成功对接时起，航天飞机与和平号系列任务便进行了更稳定和持续的合作。

美国与俄罗斯的航天员一起工作到 1998 年。在大部分时间里，这是一种常态化飞行。例如，香农·卢西德 1996 年在和平号上度过了一段田园生活般的时光，他每天开展科学实验并阅读查尔斯·狄更斯的小说。这种岁月静好的感觉随着 20 世纪 90 年代末和平号上一场火灾和一次货运飞船碰撞等一系列故障而发生了变化，这也预示了这个联合项目在 9 次航天飞机对接任务之后迎来了终结。实际上，各种意外事件反而有助于维持航天员和航天员之间的信任，当地面上的官员因为某些原因相互指责时，航天员之间却经常相互支持。航天飞机与和平号对接任务对国际航天合作是非常有价值的。

　　除了和平号的合作，最重要的多国合作项目是由欧洲航天局建造的空间实验室模块，它可以放进航天飞机的货舱。1983 年 11 月 28 日，空间实验室在哥伦比亚号航天飞机上进行了首次飞行。这次任务的 3 名航天员之一、德国公民乌尔夫·默博尔德，是第一个乘坐航天飞机的非美国航天员。空间实验室一共飞行了 22 次，其中 16 次还搭载了加压的"袖珍环境"模块。空间实验室支持了 13 个国家 200 名科学家的研究。1996 年 6 月，最长的一次空间实验室任务持续了 17 天。

　　空间实验室的大气应用与科学实验室模块通过绘制地球大气图，研究了全球臭氧水平的变化和影响它们的因素。生命科学实验室模块研究了人类、植物和动物对失重的反应。美国的微重力实验室模块则推进了人们在微重力研究方面的认知。1992 年，来自日本的太空实验室模块主攻材料加工和生命科学实验方向。空间实验室最后的任务包括 1998 年 4 月由执行 STS-90任务的哥伦比亚号航天飞机搭载的神经科学实验室模块，它的任务重点是通过一系列实验研究微重力对人类神经系统的影响。

　　也许最不寻常的航天飞机科学实验发生在 1992 年 7 月 STS-46 任务（亚特兰蒂斯号）和 1996 年 2 月的 STS-75 任务（哥伦比亚号）。这两次任务使用了 NASA 与意大利航天局联合研制的缆绳卫星系统来研究导电缆绳切割地球磁感线产生电力作为航天器飞行的能源的可能性。探测器本应在一条12 英里（19 千米）长的细绳末端被释放。然而，第一次任务的解缆过程在仅仅 900 英尺（274 米）之后就不得不终止，第二次任务的缆绳则在接近其最大长度时断裂。即便如此，在缆绳失效之前捕捉到的瞬时数据还是令人惊讶。沿着缆绳的电流虽然短暂，但比预测值要强三倍。也许有一天，这些实验将产生更有价值的成果。

2009 年 5 月，亚特兰蒂斯号航天飞机执行STS-125 任务之前位于发射台上，摄影师迈克尔·索鲁里获得了进入航天飞机主发动机舱的机会。他的照片展示了发动机的复杂性。

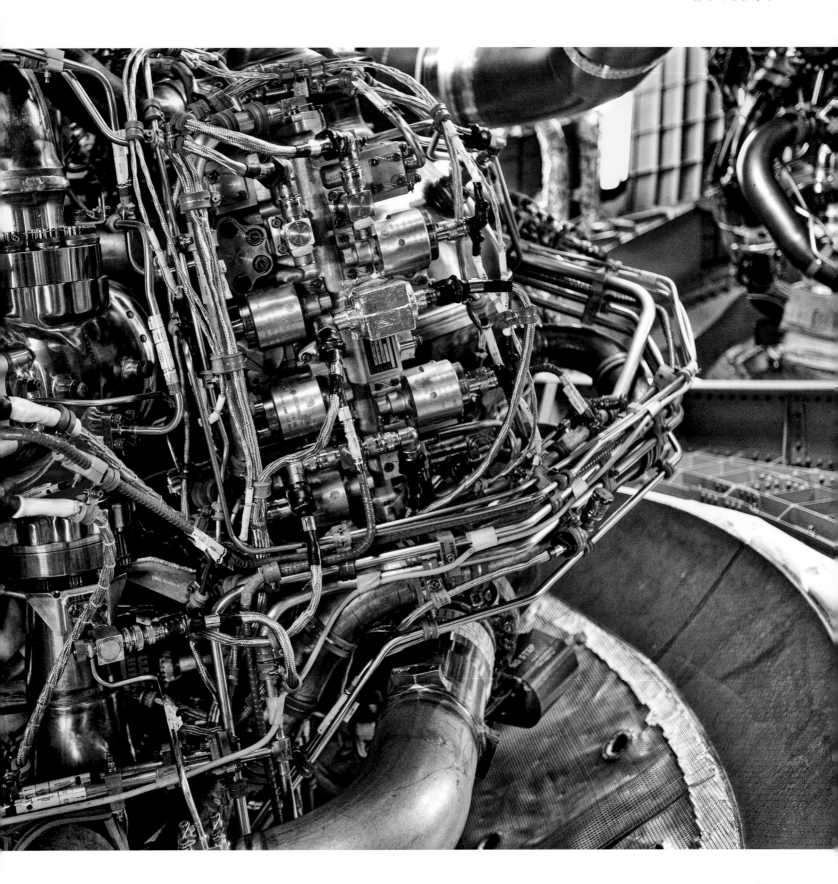

航天联盟

在整个 20 世纪 90 年代，15 个国家的航天机构与 NASA 合作开展了阿波罗计划以来最复杂的太空项目。这 15 个国家分别是加拿大、日本、巴西和欧洲航天局的 11 个成员国（比利时、丹麦、法国、德国、意大利、荷兰、挪威、西班牙、瑞典、瑞士、英国）以及后来加入的俄罗斯。他们的共同目标是创造一个人类历史上最大的航天器。多模块的国际空间站有着堪比波音 747 飞机的加压空间，能够满足 6 名航天员的需求。太阳能发电阵列和结构桁架的面积相当于一个完整的足球场。

国际空间站的第一个组成部分是俄罗斯制造的曙光号功能舱，它于 1998 年 11 月 20 日由一枚从哈萨克斯坦拜科努尔航天发射场发射的质子号火箭送入轨道。然后是 NASA 的团结号节点舱和俄罗斯的星辰号服务舱，这是国际空间站一长串组件中的前三个。2000 年 10 月 31 日，第一批机组人员抵达，在这个小型但快速成长的空间站上居住了下来。NASA 的航天员比尔·谢泼德和俄罗斯航天员尤里·吉岑科和谢尔盖·克里卡列夫乘坐俄罗斯联盟号飞船从哈萨克斯坦的拜科努尔航天发射场升空，前往他们的新家。

1992 年 10 月，执行 STS-52 任务的哥伦比亚号航天飞机运载了两件相隔数千年的器物：激光地球动力学卫星 LAGEOS-2 以及在夏威夷发现的石器时代的切割工具。

谢泼德担任了第一次三人机组的指令长。

航天飞机还充当了大型星际探测器的部署平台。在 1989 年 5 月的 STS-30 任务中，亚特兰蒂斯号航天飞机上的航天员释放了麦哲伦号金星探测器，这个探测器可以用高分辨率的雷达穿过金星浓密的云层进行遥感探测。麦哲伦号于 1990 年 9 月到达金星，并绘制了金星表面 98% 的地图。这些数据给研究人员带来了一些惊喜，他们发现了金星板块构造和火山活动的熔岩流。在 1989 年 10 月的 STS-34 任务中，另一个来自亚特兰蒂斯号的星际探测器伽利略号开启了为期 6 年的引力弹弓之旅。伽利略号是人类第一个环绕木星运行的探测器，它必须飞过金星借力，然后再次掠过地球，为飞向木星的长途跋涉积蓄速度。这条史诗般的轨迹也使它能够在 1991 年 8 月和 1993 年 10 月分别飞越小行星盖斯普拉和艾达。

1990 年至 1999 年期间，NASA 利用航天飞机发射了"四大空间天文台"中的 3 个，在可见光、伽马射线、X 射线和红外线等不同的波段探索宇宙的最深处。"四大空间天文台"联动，在很宽的波段范围内观测目标天体，使天文学家能够通过前所未有的细节研究目标天体。当然了，每一个科学家和天文学家都有他们自己最喜爱的空间天文台，但公众最喜爱和推崇的肯定是 1990 年 4 月通过 STS-31 任务发射的哈勃太空望远镜。这是有史以来放置在轨道上的最大光学望远镜，而且是一台轨道很高的望远镜。发现号航天飞机在超过 329 英里（529 千米）的高度部署了哈勃太空望远镜。

NASA 的第二个主要天文平台是康普顿伽马射线观测站，它于 1991 年 4 月 5 日由亚特兰蒂斯号航天飞机执行 STS-37 任务时部署。随后是钱德拉 X 射线天文台，以印裔美国诺贝尔奖获得者、天体物理学家苏布拉马扬·钱德拉塞卡命名，在 1999 年 7 月 23 日由执行 STS-93 任务的哥伦比亚号航天飞机运送。航天飞机的支持者们将这些重要的空间天文台项目视为航天飞机对科学和文化的贡献：这些成就证明了航天飞机项目的成本是合理的。现在，我们很容易理所当然地认为从多个波段观测宇宙是很正常的，但实际上是这些空间天文台改变了我们对地球以及宇宙的思考方式。我们愿意把钱花在什么地方，取决于我们的价值观是什么样子的。

损失与恢复（画廊）

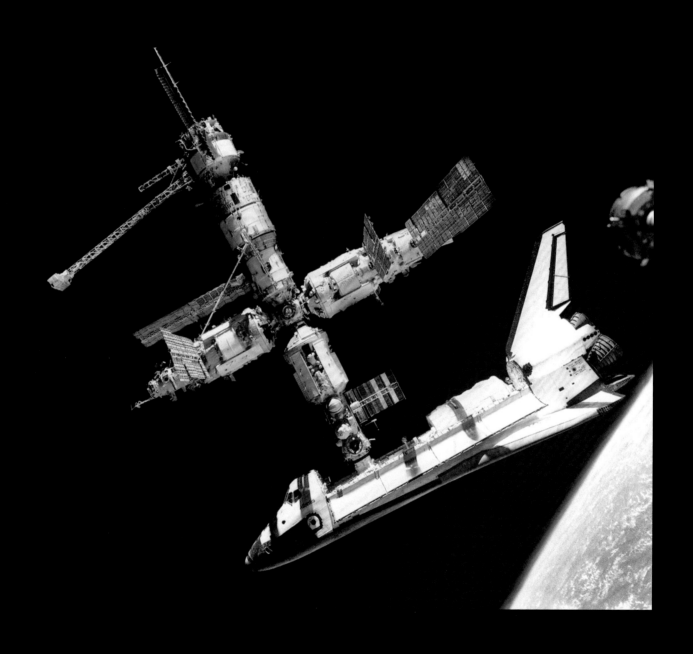

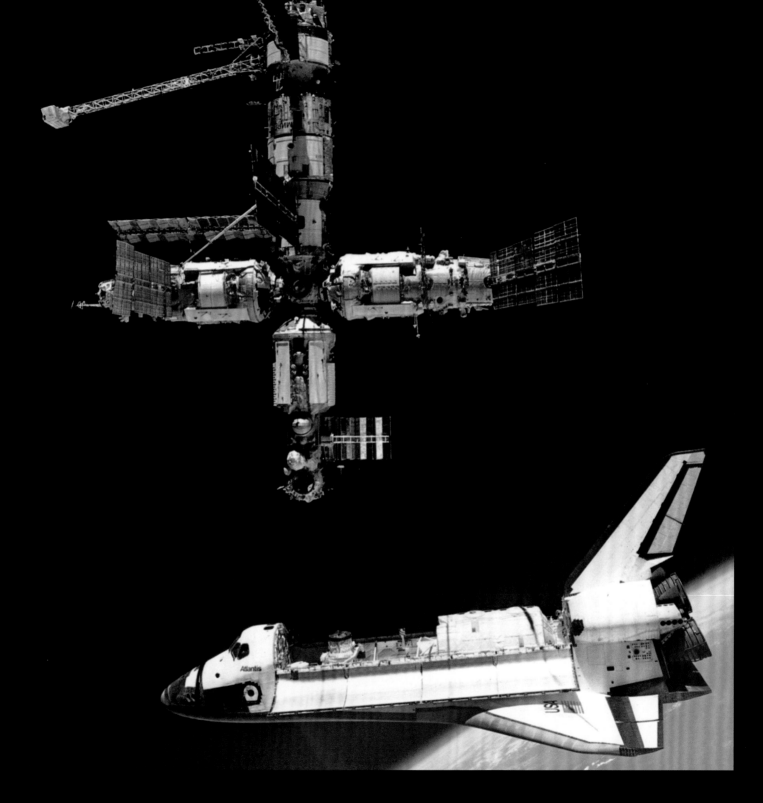

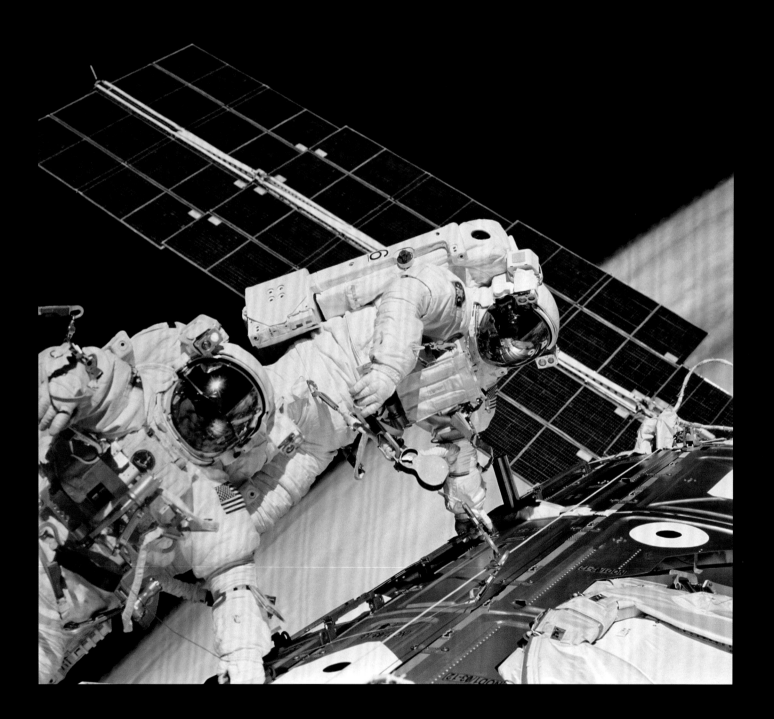

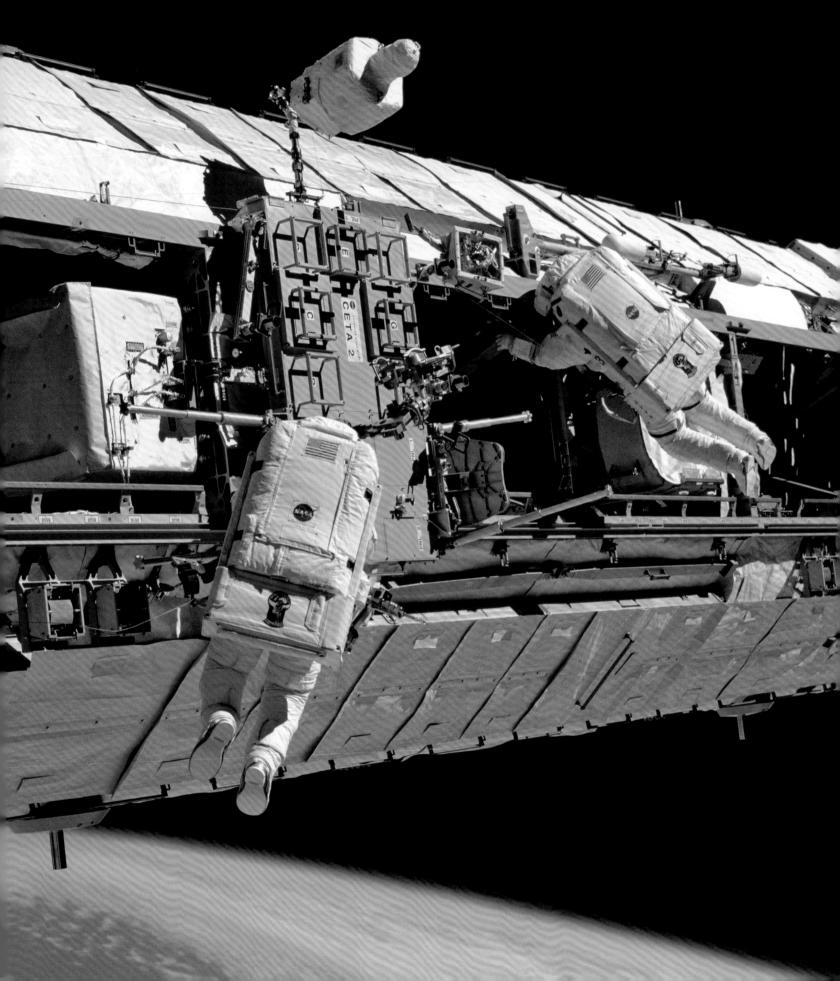

损失与恢复图片说明

92 页
第一位太空教师克里斯塔·麦考利夫在为挑战者号的 STS-51L 任务进行训练，她在 KSC100 飞机上体验了零重力飞行。

99 页
STS-26 任务的发射，此图是由肯尼迪航天中心航天员办公室主任丹尼尔·布兰登斯坦驾驶飞机拍摄的。

93 页
麦考利夫与挑战者号的伙伴罗纳德·麦克奈尔交谈，麦克奈尔是美国权威的激光物理学家。

100 页
1989 年 5 月 4 日，麦哲伦号探测器被执行 STS-30 任务的亚特兰蒂斯号释放，开始前往金星的漫长旅程，并执行全面的测绘任务。

94 页
1986 年 1 月 28 日上午，工作人员检查发射平台时拍摄的照片，照片清楚显示出大量的冰锥。

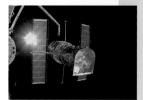

101 页
哈勃太空望远镜于 1990 年 4 月 25 日由执行 STS-31 任务的发现号部署。两个月后，科学家们发现其主镜上有一个影响整个项目运行的缺陷。

95 页
挑战者号升入佛罗里达州晴朗而寒冷的天空。此前，一系列检查未能解决发射的隐患。

102 页
1992 年 5 月，在 STS-49 任务中，托马斯·埃克斯测试了空间站机械臂。奋进号的另一位航天员凯瑟琳·索顿陪同他进行了 7 小时的太空行走。

96 页
在任务控制中心，飞行主管艾伦·布里斯科（前排）和杰·格林发现他们控制台上的数据突然丢失。

103 页
索顿（前）和埃克斯在 STS-49 任务中工作。这次任务还捕获了一颗未能入轨的卫星，并为其连接了一个小型助推器，将其送入了正确的轨道。

97 页
两个固体火箭助推器在天空中划出弧线，挑战者被外部罐体及其挥发性推进剂的爆炸所摧毁。

104 页
任务专家梅·杰米森在太空实验室 -J 中，STS-47 任务是 NASA 和日本宇宙开发事业团于 1992 年 9 月在奋进号上联合执行的任务。

98 页
1988 年 9 月，当执行 STS-26 任务的发现号在航天飞机中断两年后重新恢复飞行时，任务控制部的老员工吉恩·克兰兹感到了一种救赎。

105 页
1993 年 12 月，凯瑟琳·索顿搭乘奋进号航天飞机执行维修哈勃太空望远镜的 STS-61 任务，图中她正在为维修哈勃太空望远镜准备设备。

106–107 页
斯托里·马斯格雷夫（106 页）在执行 STS-61 任务，他的脚被固定在奋进号远程操纵系统的末端，并向哈勃太空望远镜（107 页）移动。

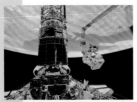

108 页
1995 年 11 月，航天飞机 - 和平号第四次对接任务期间，从亚特兰蒂斯号上看到的俄罗斯和平号空间站。

109 页
1995 年 6 月，执行 STS-71 任务的亚特兰蒂斯号与和平号进行对接。这次飞行任务运送了两名轮岗的俄罗斯航天员——阿纳托利·索洛维耶夫和尼古拉·布达林，并将 NASA 的航天员诺曼·塔加德接回了地球。

110–111 页
1995 年 7 月 4 日，索洛维耶夫和布达林将联盟号飞船从和平号上短暂分离，并且拍下了亚特兰蒂斯号执行完 STS-71 任务准备返回地球时的照片。

112 页
1998 年 12 月 6 日，执行 STS-88 任务的奋进号航天飞机将美国的团结号节点舱与俄罗斯的曙光号功能舱连接了起来，从此国际空间站开始进入建设阶段。

113 页
执行 STS-88 任务的任务专家杰里·罗斯（左）和詹姆斯·纽曼（右）在团结号节点舱和曙光号功能舱之间安装脐带电缆和数据线。从他们身后可以看到曙光号的一片太阳能电池板。

114 页
1999 年 7 月，艾琳·柯林斯成为航天飞机第一位女性指令长，在 STS-93 任务中，哥伦比亚号部署了有史以来最重的航天飞机有效载荷——钱德拉 X 射线天文台。

115 页
约翰·格伦，1963 年首位环绕地球飞行的美国人，于 1998 年 10 月乘坐执行 STS-95 任务的发现号航天飞机重返太空，时年 77 岁。

116 页
1999 年 5 月 27 日上午，执行 STS-96 任务的发现号航天飞机发射，它是第一架与国际空间站对接的航天飞机。

117 页
2000 年 9 月，执行完 STS-106 任务的亚特兰蒂斯号在返回时拍摄了"年轻"的国际空间站，此时许多组件尚未交付。

118 页
2001 年 8 月，美国航天员和俄罗斯航天员在国际空间站的俄罗斯星辰号服务舱中分享美食，此时执行 STS-105 任务的发现号指令长斯科特·霍洛维茨在天花板附近打开了一罐食物。

119 页
2001 年 2 月，国际空间站自带照相机拍摄的执行完 STS-98 任务返回地球的亚特兰蒂斯号航天飞机。此次任务是 21 世纪的第一次载人飞行任务，亚特兰蒂斯号成功将命运号实验舱运送到了国际空间站。

120 页
2002 年 11 月，搭乘奋进号执行 STS-113 任务的航天员约翰·赫林顿进入国际空间站寻求号气闸舱，准备进行太空行走。

121 页
执行 STS-113 任务的航天员迈克尔·洛佩兹·阿莱格里亚（右）和约翰·赫林顿（左）在桁架上工作，这张照片展示了国际空间站的规模。

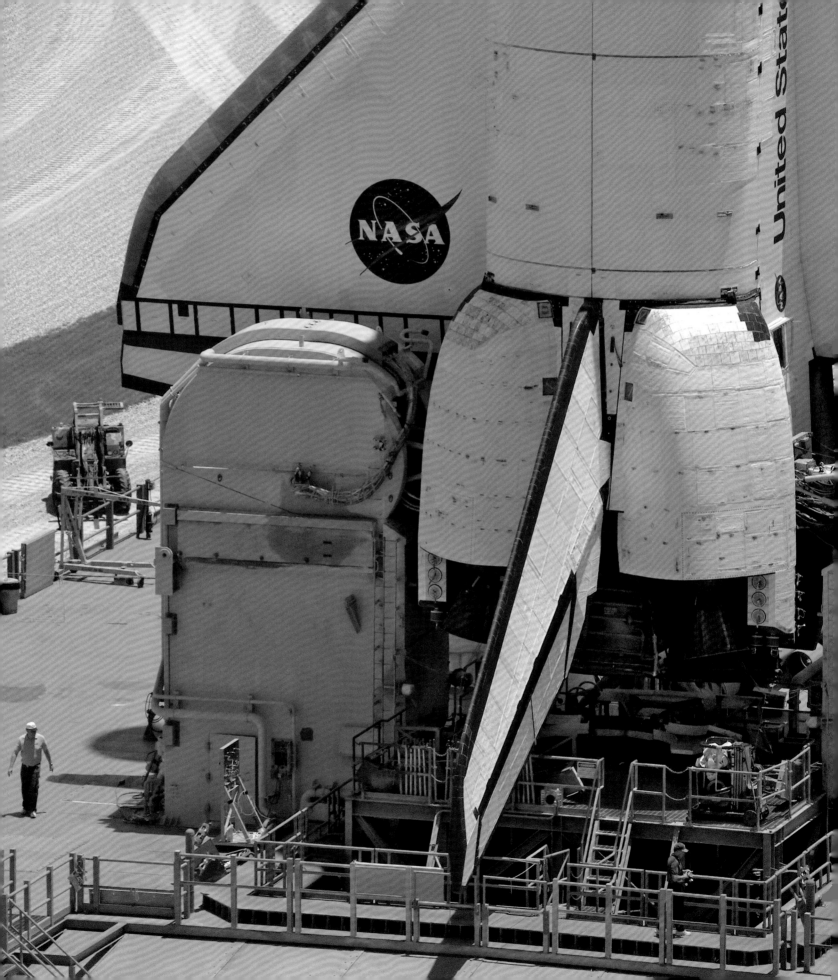

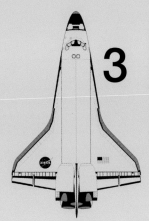

3 航天飞机时代的终结

"我们选择探索太空，是因为这样做可以改善我们的生活质量，提升我们的民族自豪感。因此，还是让我们继续探索太空吧。"

总统乔治·W. 布什，2004年1月

2003年2月1日，NASA的工作人员正准备庆祝执行完STS-107任务的哥伦比亚号航天飞机返航，这次任务虽不像高调的国际空间站建设任务那么吸引眼球，但也意义非凡。哥伦比亚号于1月16日起飞，执行一项物理学和生命科学研究的任务。它载有一个两舱的空间实验室，进行了大约80项实验。船上的7名航天员24小时轮流工作。从表面上来看，此次任务一切顺利。但他们还没有从太空返航。NASA在接近美国东部时间2月1日上午9点时与哥伦比亚号失去了联系，当轨道飞行器未能在指定的9点16分降落在肯尼迪航天中心时，所有人都意识到返航出了问题。一片发光的流星在天空划过，组成了一个令人毛骨悚然的队形。哥伦比亚号解体了。

整个机组都失去了联系。任务指令长里克·哈斯本德、驾驶员威廉·迈克库尔、载荷指令长迈克·安德森、有效载荷专家伊恩·拉蒙（第一位以色列航天员），以及任务专家卡帕娜·查瓦拉和大卫·布朗、劳瑞尔·克拉克。他们享受看似顺利的任务时，却不知道他们搭乘的航天飞机已被损坏。

哥伦比亚号事故调查委员会的结论是：在2003年1月16日美国东部时间上午10：39发射后的第81秒，一个手提箱大小的隔热泡沫从外挂助推火箭脱落，击中哥伦比亚号航天飞机，其力量之大使得左下翼的强化碳纤维保护层上破了一个洞。再入大气层时，过热的气体进入受损的机翼，熔化了里面的铝制机身。哥伦比亚号于1981年的首飞开启了航天飞机的时代。现在，它令人震惊的毁灭预示着航天飞机时代的结局。NASA再次停飞了航天飞机机队的剩余架次，而哥伦比亚号事故调查委员会则着手更详细地调查事故的原因，并为未来提出建议。

与此同时，国际空间站的建设则减缓到了几乎停滞的状态。航天员只有

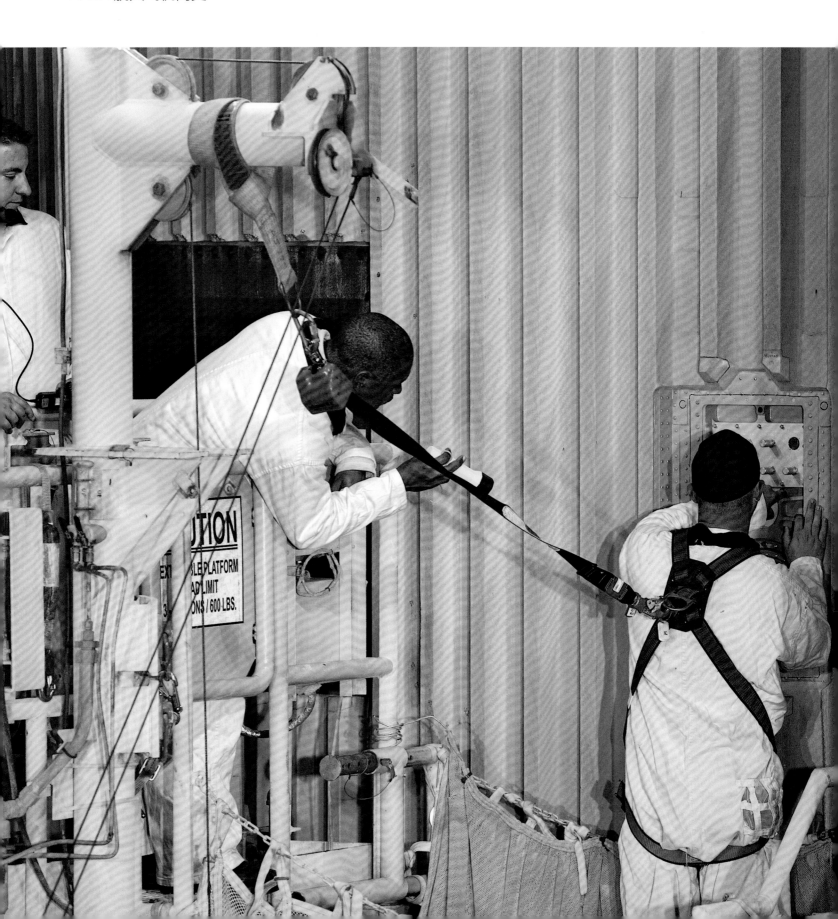

通过久经考验的俄罗斯联盟号载人飞船才能进入国际空间站，但由于它最多只能搭载 3 个人，国际空间站的轮换乘员规模被缩减到两个人，而不是之前的 6 个人。俄罗斯航天局共执行了 14 次补给和乘员轮换任务，直到 2005 年 7 月 26 日，NASA 剩余的航天飞机才被允许在 STS-114 任务中重启。但这一许可是有条件的。缩小的航天飞机机队开始了退役的倒计时，唯一的问题就是倒计时所需的时间。

2004 年 1 月，乔治·W. 布什总统谈到了哥伦比亚号事故的长期影响。他说："我们选择探索太空，是因为这样做可以改善我们的生活质量，提升我们的民族自豪感。因此，还是让我们继续探索太空吧。"重启的第一个目标就是让剩余的航天飞机在未来的几年内恢复至运行状态，并完成国际空间站的建设。但在将来的某个时候，这些飞行器必须被一个新的发射系统所取代：一个为乘员舱提供支持的系统，一个在发生危机时可以从发射组件中分离出来的系统。

"我们的第二个目标是在 2008 年之前开发和测试一个新的航天器，即载人探索飞行器，并且最迟于 2014 年进行首次载人飞行任务，"乔治·W. 布什总统说，"我们的第三个目标是利用载人探索飞行器重返月球，我们将最早于 2015 年进行长时间的载人登月任务，以在月球生活和工作为目标。待我们在月球上获得了足够的经验和知识，我们将准备采取太空探索的下一步行动：以火星和其他星球为目标的载人任务。"

在 2003 年哥伦比亚号灾难发生后，检查外部助推器的表面是一个关键的发射前检验程序。毕竟隔热泡沫层中最轻微的缺陷都可能危及任务的最终成功。

　　小布什总统提到的这种载人探索飞行器后来被称为"猎户座"，它将成为使用火箭和着陆器编队进行太空探索的宏伟愿景的核心。这个宏伟愿景被称为"星座计划"，该计划包括对现有航天飞机硬件的改造，但不再使用翼轨道飞行器，而是恢复使用太空舱形状的飞行器。这不仅可以使航天员更加安全，还能够经受得起从深空而不是低地球轨道返回地球时的 25000 英里 / 小时（40237 千米 / 小时）的再入速度。任何航天飞机都不可能在那种情况下工作。现在是时候开发一种全新的航天器了。

　　尽管 NASA 作出了勇敢的尝试，但为星座计划提供的资金从未到位，到 2009 年 1 月巴拉克·奥巴马上任总统时，乔治·W. 布什的太空计划几乎被资金问题所击垮。新总统取消了星座计划。任何重返月球的计划（从来都不是奥巴马政府的优先事项）将不得不依靠新生的太空发射系统——一个尚未证明自己的重型火箭计划（已于 2010 年启动）。

　　来自星座计划的"重复使用"元素，特别是"猎户座"飞船，仍在开发中。特朗普政府设定的目标是在 2024 年前让航天员重返月球。NASA 与 SpaceX 和蓝色起源等私人发射供应商的关系可能为完成这种雄心壮志的新任务定下基调。时间会告诉我们答案的。

　　在哥伦比亚号事故之后，复飞的三架航天飞机进行了 20 次额外的国际空间站组装任务。2010 年 2 月的 STS-130 任务是一个高潮，它携带了一个带有巨大窗户的穹顶舱。航天员们喜欢在这里欣赏地球的全景。国际空间站的最后组件于 2011 年完成交付，就在航天飞机退役之前。NASA 目前的计划是让国际空间站至少运行至 2024 年。

随着航天飞机时代的结束，美国国家公园管理局与其他主要的博物馆组织一起，开始为后人记录该计划的历史性瞬间。这是在轨道器处理设施中拍摄的发现号航天飞机，由胶片相机拍摄于 2011 年。

2009 年 5 月 11 日发射升空的 STS-125 任务，由亚特兰蒂斯号航天飞机执行，这是亚特兰蒂斯号的第 5 次也是最后一次为哈勃太空望远镜服务。一些资深人士曾担心一个潜在问题：由于哈勃太空望远镜的运行高度比国际空间站高出很多，如果执行哈勃太空望远镜任务的航天飞机损坏，那么航天员就无法通过与国际空间站对接来寻求庇护。但是航天员们不约而同地表示：如果乘坐航天飞机需要面对风险，那么没有比服务具有划时代意义的哈勃太空望远镜更好的理由了。换句话说，这个被公认为历史上最有价值的科学项目之一的仪器，是值得让人冒着生命危险去服务的。令航天员们感到惊讶的是：NASA 内部的反对意见被公众的声音所淹没，公众一致要求 NASA 展示出勇气并保持哈勃太空望远镜的运行。

STS-135 任务是航天飞机的最后一次飞行任务，亚特兰蒂斯号于 2011 年 7 月 8 日发射后，开始了为期两周的国际空间站支援任务。指令长克里斯·弗格森、驾驶员道格·赫尔利、任务专家桑迪·马格努斯和雷克斯·沃尔海姆将欧洲航天局建造的拉斐尔多功能后勤舱和轻型多用途运载器运送到国际空间站，其中包含物资、设备和实验品。最后，NASA 于 2011 年 8 月 31 日正式终止了长达 30 年的航天飞机计划，此时距 STS-135 任务的成功返航刚刚结束一个多月的时间。

摄影师史蒂夫·杰维森是被允许在奋进号航天飞机上记录驾驶舱控制系统最后一次通电的少数人之一。奋进号航天飞机于 2012 年 5 月 11 日永久"关闭"了电源。

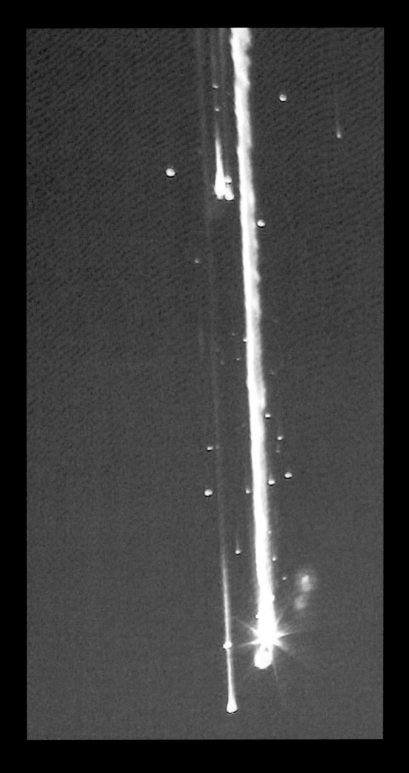

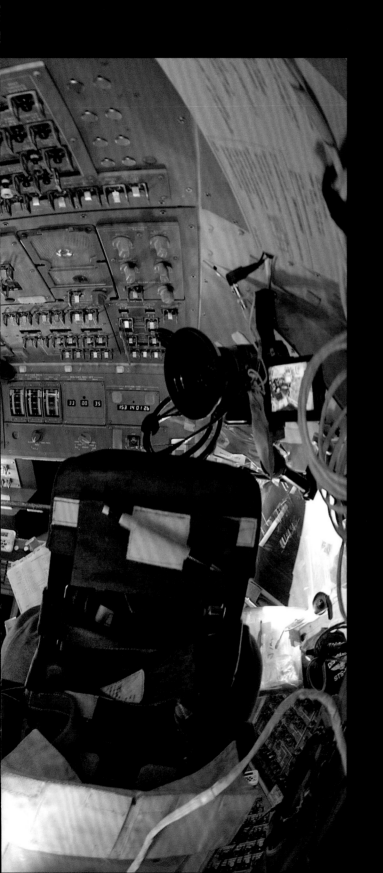
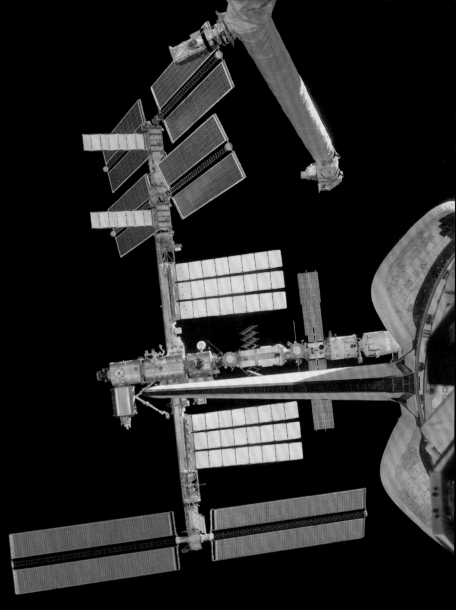

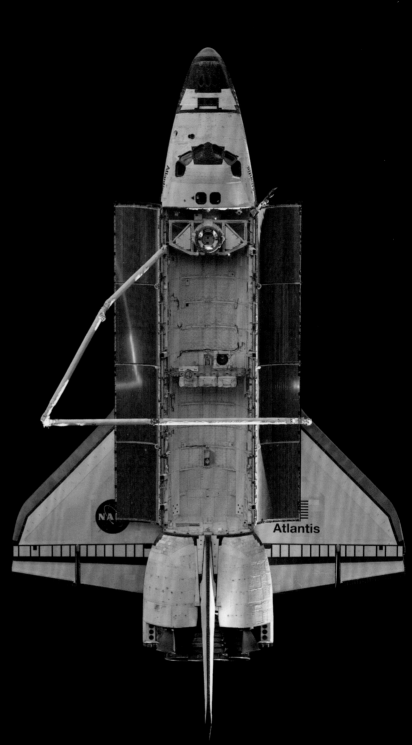

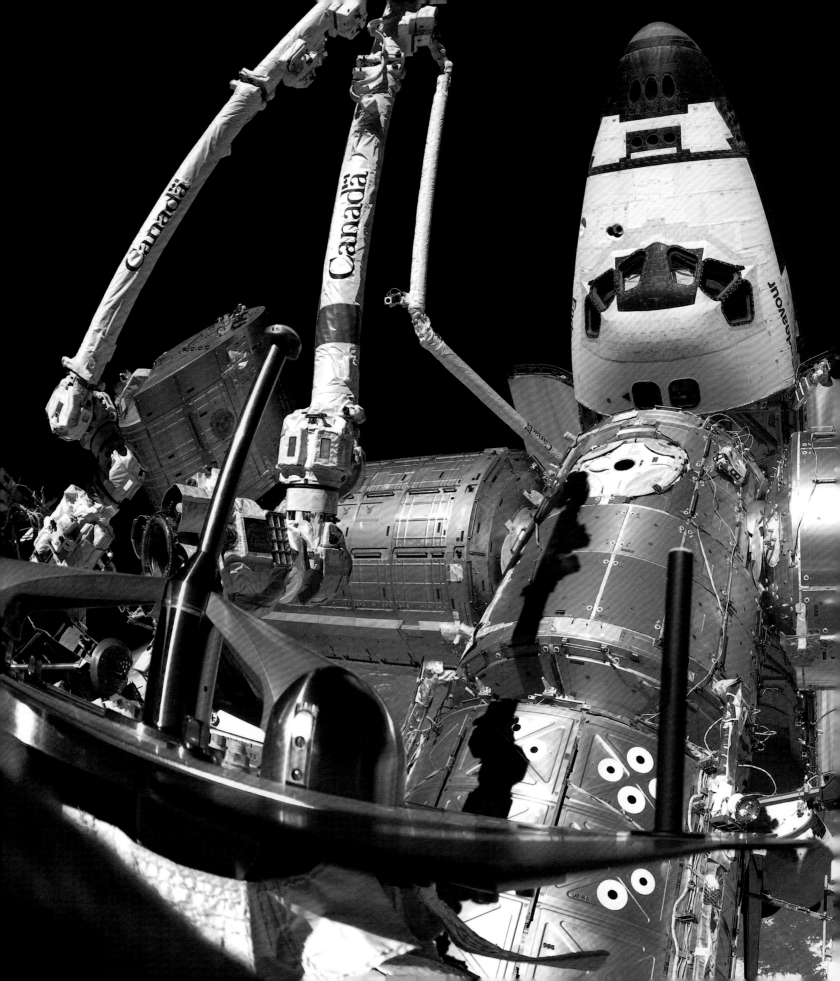

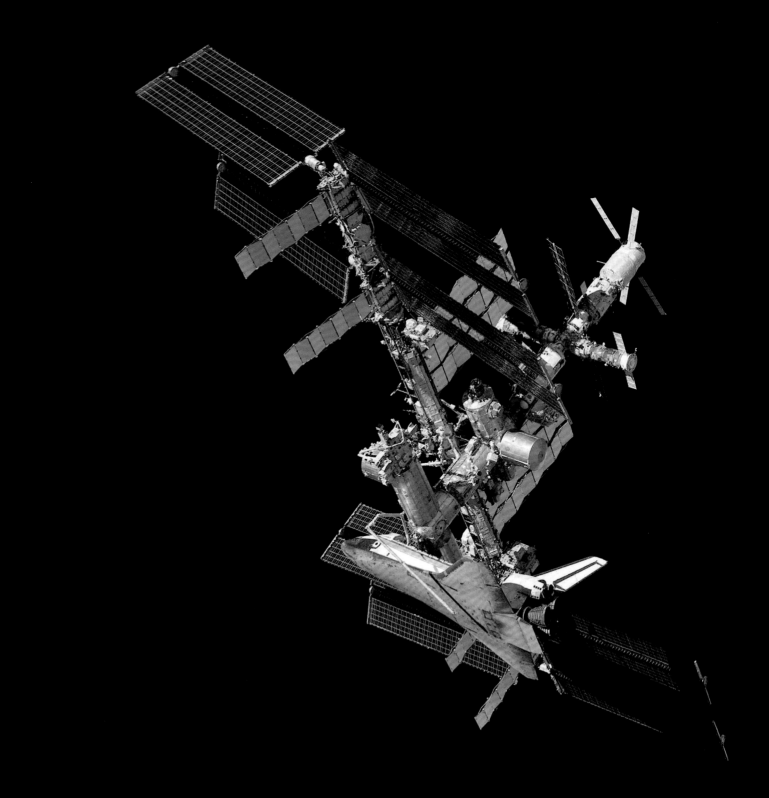

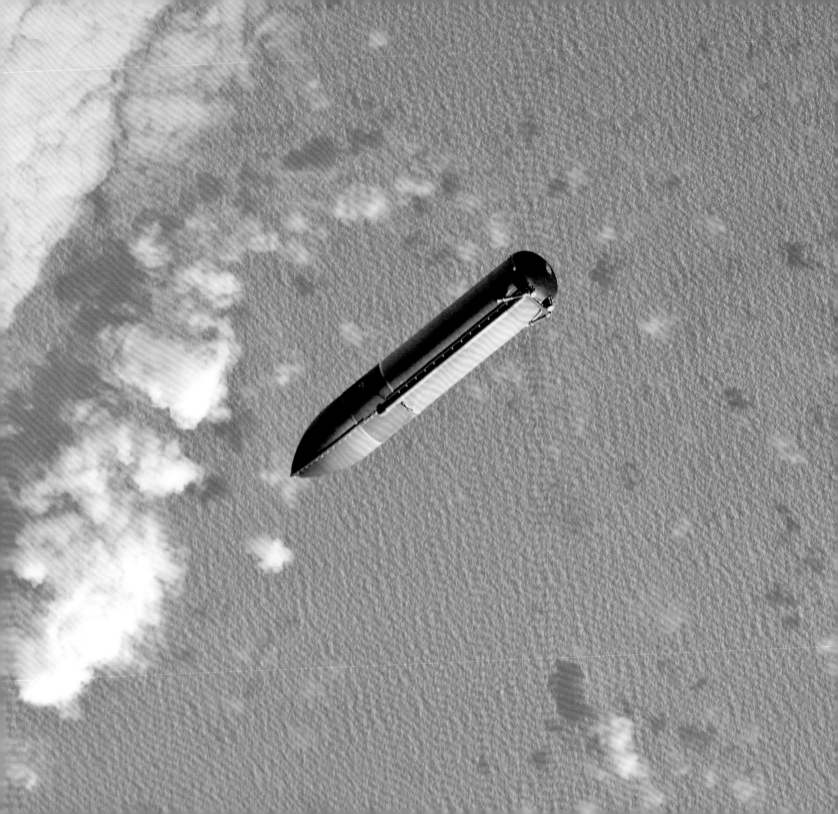

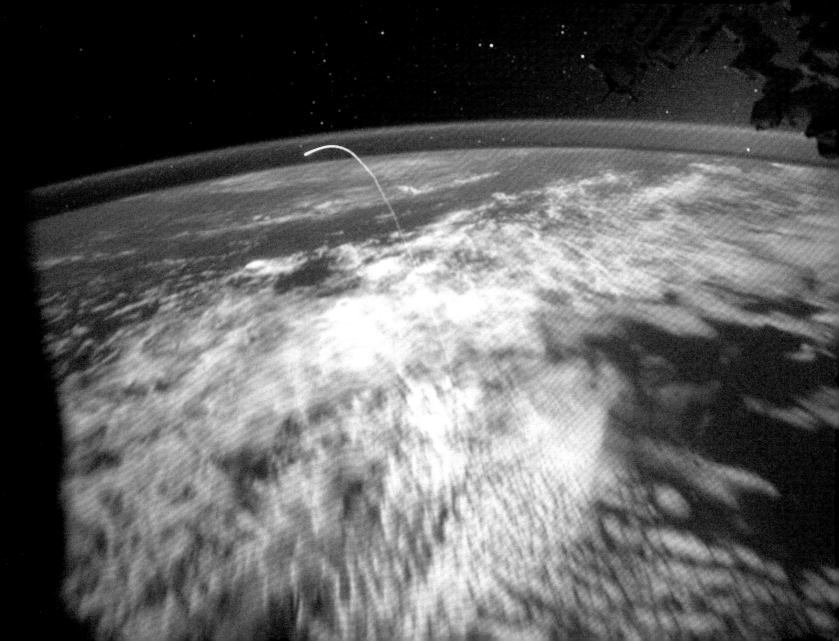

航天飞机时代的终结图片说明

132 页
2003 年 2 月 1 日，哥伦比亚号航天飞机重返地球失事后，碎片在得克萨斯州上空划过。

133 页
哥伦比亚号的摄影胶片盒在灾难中幸存。它为我们展示了哥伦比亚号驾驶舱的画面，执行 STS-107 任务的卡帕娜·查瓦拉是第一位进入太空的印度裔女性。

134 页
发现号航天飞机在肯尼迪航天中心的飞行器装配大楼内为 2005 年 7 月关键的 STS-114 "重返太空" 任务做准备。

135 页
STS-114 任务的发射很顺利，除了在上升三秒后发生了飞鸟撞击事件，以及小型泡沫碎片的脱落。隔热泡沫脱落是一个长期存在的问题，至今仍未完全解决。

136 页
执行 STS-114 任务的发现号与国际空间站对接之前被检查是否存在损坏。这里清晰可见的是主要有效载荷，即欧洲航天局制造的拉斐尔多功能后勤舱。

137 页
一张以里海为背景的国际空间站照片，由执行 STS-114 任务的发现号乘组拍摄。

138 页
日本宇宙开发事业团的任务专家野口聪一在 STS-114 任务期间于美国建造的命运号实验舱内工作。

139 页
野口聪一在命运号实验舱外部作业。使用维修设备对发现号的一些隔热瓦进行了维修，测试实验性质的维修设备的实用性。

140 页
完成 STS-114 任务的发现号航天飞机在加利福尼亚州爱德华兹空军基地着陆。因恶劣的天气，发现号改变了在肯尼迪航天中心着陆的原计划。

141 页
黎明时分，航天飞机地面维护人员持续地对飞行器进行 "安全检查"，抽出残留的燃料，确保没有任何有毒物质或可燃物留在飞船上。

142 页
2008 年 6 月的 STS-124 国际空间站任务期间，马克·凯利在发现号驾驶舱内靠近指挥台的位置。这一次任务主要交付的是日本希望号实验舱。

143 页
从执行 STS-124 任务的发现号航天飞机看向国际空间站的一个有趣视角。发现号的尾翼和 OMS 吊舱在前面，国际空间站在后面。

144–145 页
2009 年 5 月，STS-125 任务机组人员在对哈勃太空望远镜进行最后一次维修任务之前检查亚特兰蒂斯号航天飞机。摄影师迈克尔·索鲁里被授权拍摄亚特兰蒂斯号准备发射前的方方面面。

146（上）–147 页
迈克尔·索鲁里拍摄的 STS-125 任务中航天员德鲁·福斯特尔测试手枪式电动工具的照片，以及（147 页）索鲁里为该精密装置拍摄的 "肖像"。

146 页（下）

2009 年 5 月 18 日，在 STS-125 任务的最后一次太空行走中，约翰·格伦斯菲尔德为他自己在哈勃太空望远镜光滑表面的倒影拍了一张照片。

148 页

在 2009 年 11 月的 STS-129 国际空间站后勤保障任务之前，亚特兰蒂斯号的任务专家迈克·福尔曼在肯尼迪航天中心的中性浮力水槽中练习操作。

149 页

迈克·马西米诺于 STS-125 任务前在中性浮力水槽中练习操作。他的任务之一是在哈勃太空望远镜进行观测时更换一些稳定望远镜姿态的陀螺仪。

150 页

斯蒂芬·鲍恩在 2008 年 11 月的奋进号 STS-126 任务期间在国际空间站外，该任务主要是对国际空间站太阳能电池板面向太阳的引导接头进行维修。

151 页

亚特兰蒂斯号于 2009 年 11 月在发射台 39a 上准备就绪，STS-129 任务主要是为国际空间站运送科学设备和用品。

152 页

2010 年 2 月 20 日，在交付穹顶舱（一个有六个大窗户的对接控制站）后，STS-130 任务中的奋进号机组拍摄了这张完全体的国际空间站照片。

153 页

2010 年 5 月，STS-132 任务中的亚特兰蒂斯号指令长肯·哈姆（左）与俄罗斯航天员奥列格·科托夫（右）握手，他是国际空间站当时的指令长。

154 页

航天员里克·马斯特拉基奥（右）和克莱顿·安德森（左）在发现号有效载荷舱工作，这是他们在 STS-131 任务中的第三次太空行走。

155 页

2010 年 4 月 17 日，STS-131 任务中的发现号从国际空间站解锁分离，其有效载荷舱在成功交付后勤模块后一直处在空置状态。

156 页

STS-133 任务中的发现号由阿波罗时代的巨大柴油动力履带式运输机送至发射台。这些庞然大物中的两个至今仍未退役。

157 页

在肯尼迪航天中心的轨道器处理设施的二号机库中，STS-134 任务中的机组人员和工程技术人员正在检查奋进号的有效载荷舱，检查是否存在可能影响任务安全的因素。他们每个人都穿上了洁净服。

158 页

担任 STS-134 任务指令长的马克·凯利正在模拟器上进行训练，这是奋进号航天飞机的最后一次飞行。

159 页

肯尼迪航天中心标志性的户外数字计时器，摄影师们齐聚一堂，捕捉 STS-134 任务中奋进号升空的画面。

160 页

2011 年 5 月 16 日，执行 STS-134 任务的奋进号航天飞机成功发射，摄影师丹·温特斯在航天飞机的最后一次发射中拍摄到了前所未有的特写。

161 页
STS-134 任务中，奋进号在云层中的上升
过程被湾流训练飞机的机组人员捕捉到。

170–171 页
国际空间站机组成员对 STS-135 任务中
的亚特兰蒂斯号的近距离检查，这是最
后一次检查航天飞机的隔热层和其他外
部元器件是否处于安全状态。

162–163 页
STS-134 任务中，奋进号与国际空间站
交会对接，这是一名航天员在国际空间
站外太空行走时拍摄到的照片。

172–173 页
STS-135 任务中，亚特兰蒂斯号驾驶员
道格·赫尔利（左）和任务指令长克里
斯·弗格森在机尾飞行舱工作，亚特兰
蒂斯号准备从国际空间站出发，开启最
后一次归程。

164–165 页
一张历史性的图片，显示了奋进号与国
际空间站对接的全貌，由联盟号返回舱
的返航人员拍摄。

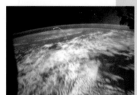

174 页
国际空间站的航天员拍摄到的亚特兰
斯号重返大气层的景象。

166 页
当亚特兰蒂斯号航天飞机被运出航天装
配大楼执行 STS-135 任务，即航天飞机
的最后一次飞行任务时，在左边的剪影
中，时任 NASA 局长的查尔斯·博尔登
向工作人员们致意。

175 页
2011 年 7 月 21 日，破晓时分，亚特兰蒂
斯号最后一次降落在肯尼迪航天中心。
这架航天飞机现在在肯尼迪航天中心游
客中心的一个特殊建筑中展出。

167 页
特雷·拉特克利夫使用"高动态范围"
相机进行多次曝光，拼凑出了 STS-135
任务中亚特兰蒂斯号的超高分辨率照片。

176 页
运输车辆护送亚特兰蒂斯号最后一次驶
回机库。该航天器现在在肯尼迪航天中
心游客中心的一个特殊建筑中展出。

168 页
亚特兰蒂斯号于 2011 年 7 月 8 日上午
11：29 离开地面，这是航天飞机的最后
一次升空。

177 页
工作人员在亚特兰蒂斯号旁边行走，它
从跑道上最后一次驶回了家。航天飞
机数以千计的飞行任务结束了，之后
NASA 将着眼于一套后航天飞机时代的
计划。

169 页
STS-135 任务中，亚特兰蒂斯号的废弃
外部燃料箱漂流回地球，最终落入大西
洋并得到安全处置。

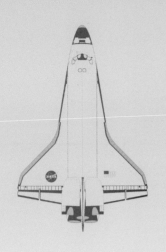

4 荣耀和 遗产

"航天飞机是国家精神的象征：气势磅礴、技术先进，并能够突破地球引力的束缚，带着最有价值的货物往返于天地之间。"

《时代》杂志，2003 年 2 月 2 日

为了纪念航天飞机计划的结束并向其数千名工作人员表示"感谢"，NASA 在其各个中心举办了纪念活动。奥巴马总统对该计划的重要性表示了敬意。他说："在亚特兰蒂斯号和它勇敢的航天员团队背后，站着成千上万敬业的工作人员，他们在过去 30 年里为美国的航天飞机计划倾注了自己的心血。"他接着又说，"对于他们和 NASA 其他令人敬佩的工作人员，我想表达我最诚挚的感谢。感谢你们帮助我们的国家引领太空时代，你们的所作所为每天都在激励着我们。"

航天飞机计划持续了 30 年，虽然它不是十全十美的成功，但也不是一些人所说的失败。正如专栏作家托尼·布兰克利在 2005 年所写的那样。

航天飞机是人类有史以来建造的最复杂的机器。其被构想于 20 世纪 60 年代，现在航天飞机已经超过了 25 岁，其发射时重达 450 万磅（2041 吨）。尽管机械和技术都很老旧，但将数以百万计的零部件组装成一个复杂的航天器，使其在发射升空、太空穿梭、再入大气层和重复使用这些极其严苛的标准下，于 25 年间仅发生两次故障，这无疑是工程的胜利。

总体来说，航天飞机在人类航天发展中发挥了巨大的作用，应当给予积极评价。航天飞机的故事既有胜利也有悲剧。在哥伦比亚号事故发生后，格雷格·伊斯特布鲁克在《时代》杂志的文章中很好地描述了这一点。

航天飞机是国家精神的象征：气势磅礴、技术先进，并能够突破地球引力的束缚，带着最有价值的货物往返于天地之间。航天飞机承载着我们的希望，即航天飞机将飞往一个美好的世界——一个有朝一日我们可以到达的世界，一个可以把昨日悲哀抛之脑后的世界。航天飞机腾空而起的刹那，内心的正义感和道德感油然而生。

伊斯特布鲁克很好地描述了航天飞机在全世界引起的惊奇感。由于技术上的领先，它是美国精湛技艺的一个令人叹为观止的象征。

NASA 航天飞机简史

　　航天飞机计划大约实现了其 90% 的技术目标，尽管它未能实现其经济承诺。其原因有很多，包括 NASA 在 20 世纪 70 年代所承诺的大量飞行任务最终没有落实，也包括卫星变得越来越小，越来越高效，越来越容易被小型火箭发射，而且进入轨道之后，寿命也越来越长。NASA 在运营航天飞机上也有一个失误，即研发航天飞机所需的大量工作人员被维持到了运营阶段，因为 NASA 的管理人员不想面对解雇人员和削减预算的后果。也许，NASA 可以用更少的人，用三分之二的花费来运行航天飞机。

　　除此之外，NASA 的失误可能还包括在航天飞机项目上停滞了太多年，没有把它作为一个阶段性实验项目，为未来更好的可重复使用运载工具铺路。从本质上讲，航天飞机将 20 世纪 70 年代的机器用到了 21 世纪的第二个十年，漫长的时间之下，难免会出现问题。

航天飞机是一个复杂的系统，有 20 多万个独立的部件，按照比历史上其他任何机器更严格的规格同步工作，这必须被视为工程的胜利。因此，它是一个非常成功的项目。融入其中的开发研究和操作技术代表了 20 世纪 60 年代和 20 世纪 70 年代初备受赞誉的阿波罗计划的后续。

航天器的真实情况

现在我们要进行一个可能索然无味的比较。在航天飞机项目中，有 14 名航天员丧生（两名技术人员在 1981 年为 STS-1 任务服务时死于地面事故），但航天飞机机队执行了 135 次任务，其中只有两次以失败告终。对于任何一款航天器来说，这样的飞行记录都不算太差，更不用说像航天飞机这样庞大而复杂的系统了。人类不可能创造出没有风险的航天器。火箭飞行时，无论是超高的速度、剧烈的加速及令人作呕的减速，还是非常危险的烈性燃料，或者像烧焦的陨石一样急速返回地球，都很难不发生故障。人类不是天使，而在太空飞行的机器是由不完美的人类在复杂的组织内拼尽全力创造的不完美的产品。

然而，尽管我们有缺陷，但我们仍能进入太空，而这正是太空探索的真正意义。我们最需要在意的不是太空探索的不稳定性，而是我们能够克服万难实现太空探索这件事情本身。

最后，当我们回顾航天飞机的职业生涯时，我们中的许多人都会想起斯坦利·库布里克导演于 1968 年上映的电影《2001：太空漫游》。那部电影的许多预言在今天看来有巨大意义：商业航天公司几乎可以经营地球轨道上的一切。电影中一个重要场景是一个看起来很普通的人乘坐泛美航空公司运营的航天飞机，向一个巨大空间站内的希尔顿酒店出发。航天飞机的发展使我们得以真正朝着这个方向前进。

这是人类历史的常态，因为迄今为止的探险家已经把地球上的未知区域变成了已知区域，探险将让位于开拓，之后便是定居。我们已经经过了地球轨道的探索阶段，之后便是为科学和商业目的开发地球轨道的种种可能。与其他空间技术相比，航天飞机更有助于实现这一阶段的转变。它使得万事万物的商业性微重力研究成为可能，甚至还为"太空旅游"指明了方向。毕格罗宇航公司、SpaceX 和其他商业航天公司与 NASA 的合作，在地球轨道上建立了广泛的前沿领域。可以肯定的是，在未来几年，我们将看到更多的商业航天活动。人类未曾开发的领域一直吸引着冒险家。有些人成功，有些人失败，在这些方面，轨道空间看起来与以前的新大陆没有特别大的区别。

2011 年 7 月 22 日，STS-135 任务中的亚特兰蒂斯号机组人员在着陆一天后，成为在肯尼迪航天中心附近艾灵顿机场举行的返航仪式的明星，数百名核心工作人员有机会在现场分享这个难忘的时刻。

NASA 航天飞机简史

　　自 1972 年以来，再没有人类进入过深空，但这可能不算一件坏事，因为在阿波罗计划之后的几年里，我们已经使地球轨道变成了适合公共和私人活动的领域。NASA 的航天飞机引领了这一方向的前进。未来，NASA 在地球轨道上的存在可能会减少，因为它需要将目光转向更艰难和更遥远的目标，比如将人送上月球（长期驻留），也许有一天，还要将航天员送上火星。然后，在未来的某个时候，我们将真正掌握进入深空的能力，而航天飞机就是人类通往深空之路上的重要里程碑。

2012 年 6 月，在飞抵纽约市的肯尼迪机场后，奋进号搭乘驳船沿哈德逊河航行，它将到达它的新家"无畏"号航母博物馆。

2012 年 9 月 21 日，在 NASA 训练喷气
机的护送下，奋进号（上图和左图）飞
越洛杉矶，前往最后一站——加利福尼
亚科学中心。

图片致谢

John Chakeres 73, 74, 75

Ed Hengeveld 16, 29, 54

Steve Jervetson 130-131

National Air and Space Museum 14, 30

National Geographic Magazine 23, 27, 38-39

J. L. Pickering 10, 19, 24-25, 35,

Trey Ratcliff 167

Shutterstock 124

Michael Soluri 88-89, 144-145, 146 (top), 147

US National Park Service 128-129

Dan Winters 160

All other images provided by NASA

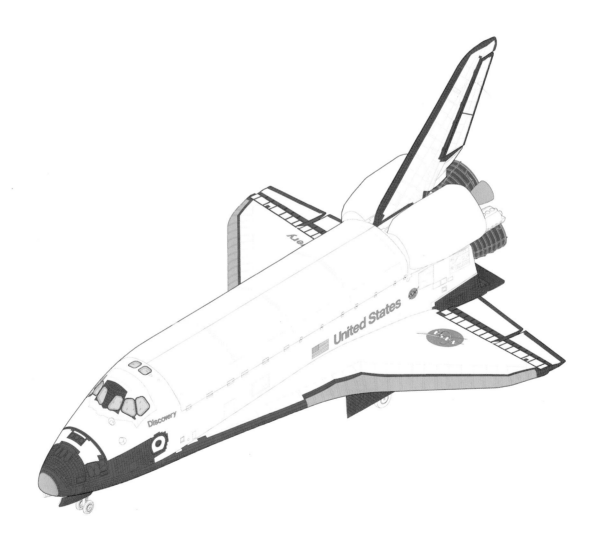